深圳视界文化传播有限公司 编

醉IN北欧风

家居时光

简从不过时

本着自然的创造

ENJOY YOUR TIME AT HOME— THE INTOXICATING NORDIC STYLE

中国林业出版社
China Forestry Publishing House

序言

清羽设计/宋小聪

PREFACE

Skillfully Balance The Living Space, Live in The Yearning Field

巧妙平衡居住空间，生活在向往的原野

诗人乔治·穆尔曾说："一个人为寻求他所需要的东西，走遍了全世界，回到家里，找到了。"家是一个人基于自身独特性的内在需求，也是从外面的世界归于内心温暖的永恒港湾。

随着城市生活水平和审美水平的提高，人们对居住空间也有了更高的要求。一方面要有合理的空间布局、赏心悦目的环境，另一方面还要能够节能、环保。在此条件下，以家庭为核心的居住空间设计，就是针对个性化的需求，在"功能、美观、环保"三者之间取得平衡，让居住其中的人们觉得方便舒适、心旷神怡。

室内设计是更应该注重空间的功能还是美观，是更应该偏向实用性还是艺术性？这一直是我们在做设计时需要去权衡的问题。一个家如果只图视觉上的好看，不注重居家功能，那么这个空间怎么能满足日常生活的各种需求？我们的饮食起居、物品收纳、兴趣爱好以及家人之间的交流等，很大程度上都需要由这个空间来承载。所以如果一套室内设计完成后缺乏实用性，没能满足主人的生活所需，那么这套作品便是失败之作。对北欧风格而言，其追求宜居空间，在功能上虽不作硬性划分，但同样要能十分灵活地置入必需的家具用品，令居者能够在居室中自如地开展日常生活。

当然，家不只是用来吃饭睡觉的工具，只重视功能而不讲求美观的空间无异于冰冷的躯壳，是不可取的。对于大多数人来说，家是我们在生活中不可或缺的空间，充分体现主人的审美和个性，并是其精神文化需求的载体。因而在硬性的功能之外，北欧风格运用淡雅温暖的材质，构筑出整体舒适自然的居家感受，主打简约与人性、自然与清爽，让居者拥有温暖而放松的环境，卸下疲惫的身心，从而获得休憩。

除了功能和美观之外，我觉得"环保"应该是贯穿室内设计的一个基础。这不仅仅指室内设计所依赖的各种建筑装饰材料对人体的安全、健康影响，它更应该是一种节能、可持续发展的精神。我们反对大量使用资源利用率低、高能耗的材料和设备来刻意彰显某些功能和效果。从长远的角度看，这种利用率低、高能耗的做法对生态环境有害无利。我们希望我们的下一代拥有更加健康、美好的未来。

不管是北欧风格还是其他风格的家居环境中，都应将功能、美观、环保这三点紧密相连，更全面地融合在一起，相辅相成，达到更完美的平衡，使居住其中的人们拥有长久舒适的生活体验，让家真正成为我们的归处，自在而向往。

George Moore said, "A man travels the world over in search of what he needs and returns home to find it." Home is the inner need of one based on his/her own uniqueness and also the eternal harbor returning to the inner warmth from the outside world.

With the improvement of the urban living standard and the aesthetic level, people have the higher requirements for the living space. On the one hand, there should be a reasonable space layout and an eyeable environment. On the other hand, it should be energy-saving and environmental. On this condition, the design of the residential space with the family as the core, is aimed at the individualized demands, obtains the balance among "function, beauty, environmental protection" and lets the people who live in it feel convenient, comfortable, relaxed and happy.

Should the interior design pay more attention to its function or beauty, or should be more practical or artistic? This has always been a problem that we have to weigh when we design. If a house only pays attention to the good-looking appearance visually while does not pay attention to the functions of a home, then how can this space meet the needs of the daily life? Our diet, our articles, our interests, our family communication and so on, need to be carried by this space to a great extent. Therefore, if the interior design is not practical enough to meet the needs of the owner's life, the work is a failure. For the Nordic style, it pursues a livable space. Although it does not make a rigid division in function, it will be very flexible to place the necessary furniture, so that the residents can feel free to have a daily life in the room.

Of course, home is not just a tool for eating and sleeping. A space that values function without beauty is like a cold shell, which is not desirable. For most people, home is an indispensable space in our life, which should fully reflect the aesthetics and personality of the owner, and it is the carrier of its spiritual and cultural needs. Therefore, in addition to the rigid function, the Nordic style uses the mild and warm materials to build a comfortable and natural home feeling and emphasizes the simplicity and the humanity, the nature and the freshness, so that the residents can have a warm and relaxed environment and abandon their tired body and mind to have a rest.

In addition to the function and beauty, I think the "environmental protection" should be the basis of the interior design. This is not just about the safety and the health effects of all kinds of the building and decoration materials that the interior design depends on. It should be a spirit of the energy saving and the sustainable development. We are opposed to the massive use of the materials and the equipment that are low in resource utilization and high in energy consumption to highlight some functions and effects purposely. In the long term, this materials of the low utilization and the high energy consumption are harmful to the ecological environment. We hope our next generation have a healthier and better future.

Whether it is the Nordic style or other styles of the home environment, we should connect the functions, beauty, environmental protection closely and fully integrate them to achieve a more perfect balance, so that people living in it have a long and comfortable life experience, which can make the house really become our comfortable and yearning home.

CONTENTS

目录

目录 Contents

目录

CONTENTS

北欧风格概述

THE OVERVIEW OF THE NORDIC STYLE

壹 风格简介 BRIEF INTRODUCTION

“北欧”是指欧洲北部挪威、瑞典、芬兰、丹麦、冰岛以及法罗群岛的合称，北欧风格即是北欧各国室内艺术设计风格的统称。北欧风格以简洁著称于世，并影响到后来的“极简主义”“后现代”等风格。在20世纪风起云涌的“工业设计”浪潮中，北欧风格的简洁被推到极致。

20世纪以前，现代工业尚未在北欧确立，在手工业传统盛行的时代背景下以实用为第一原则，在材料、工艺、造型等方面北欧设计是传承了纯正的北欧血统的家居风格。它所呈现出来的是非常接近自然的原生态的美感，没有多余的装饰，一切材质都袒露出原有的肌理和色泽。虽然现在的北欧各国拥有世界前沿的高经济水平，但依然保持着简洁实用、环保美观的生活理念。

贰 风格分类 STYLE CLASSIFICATION

北欧风格大体可以分为两种：现代北欧风和北欧自然风。

现代北欧风顾名思义更具都市风情，居室设计手法相对大胆张扬，空间节奏更明快。它的配色非常丰富多元，不同饱和度的蓝色、自带温暖的黄色、仙女气质的粉色都是倍受喜爱的选择。材质方面，设计中会运用到更多现代材质家具，如皮革、金属、玻璃等。

北欧自然风则更亲近大自然，气氛舒缓，调性柔和亲切。居室设计的色调以大地色系为主，树木的年轮、枯叶的纹理是自然风的常见纹饰。材质的运用主要以织物、木材、板材为主。

叁 设计理念 DESIGN CONCEPT

北欧风格是注重人与自然、社会与环境的有机且科学地结合，它的身上集中体现了绿色设计、环保设计、可持续发展设计的理念；它显示了对手工艺传统和天然材料的尊重与偏爱；它在形式上更为柔和与有机，因而富有浓厚的人情味；它的家居风格很大程度体现在家具的设计上。注重功能，简化设计，线条简练，多用明快的中性色。

北欧自然风

THE NATURAL NORDIC STYLE

肆 美学基础　AESTHETIC BASIS

营造出天人合一的自然氛围，是北欧风格的美学基础。强调人本主义的设计态度，回归自然，崇尚原木韵味，外加现代、实用、精美的艺术设计，反映出现代都市人进入新时代的某种取向与旋律。

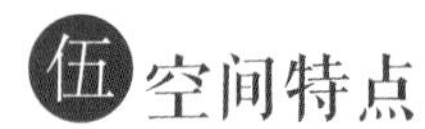

伍 空间特点　THE CHARACTERISTICS

北欧风格室内设计以简约著称，注重流畅的线条设计，代表了一种时尚，是集艺术与实用为一体形成的，一种更舒适更富有人情味的设计风格。

在室内设计方面，顶、墙、地三个面，完全不用纹样和图案装饰，只用线条、色块来区分点缀。

在空间表现上强调格局宽敞、内外通透，最大限度引入自然光，纯白色墙体、大面积开窗等都是这一特点的具体表现。功能分区上比较模糊，设计中善于利用软装饰或家具来划分区域。

在家具设计上，突出简洁、直接、功能化且贴近自然，形式多样。

在材质选择上，木材是北欧风格装修的灵魂，基本上使用的都是未经精细加工的原木，最大限度地保留了木材的原始色彩和质感，装饰效果独特。北欧的建筑都以尖顶、坡顶为主，室内可见原木制成的梁、檩、椽等建筑构件，而这种风格应用在平顶的楼房中，就演变成一种纯装饰性的木质“假梁”。此外，石材、玻璃和铁艺等也是常见的装饰材料，但都无一例外地保留这些材质的原始质感。

在色彩的选择上偏浅色，以白色、米色、浅木色为主。设计中常常以白色为主调，使用鲜艳的纯色为点缀；或者以黑白两色为主调，不加入其他任何颜色，干净明朗；也有部分设计以彩色为底，搭配浅色软饰品，打造小清新的居室氛围。此外，树皮棕、落叶黄、天空灰和淡蓝色等都是北欧风格装饰中常用的色彩。

在窗帘、地毯等软装搭配上，偏好棉麻等天然质地。此外，现代几何图形挂画、绿植、小盆栽等都是北欧风格重要配饰，在渲染自然亲和的气氛方面有出色的表现。

Jane Eyre

LIVE A POETIC LIFE WITH COLORS

用色彩把日子过成诗

项目名称 | 华标峰湖御境J栋05户型

设计公司 | C&C壹挚设计

主案设计 | 陈嘉君、邓丽司

参与设计 | 何颖欣、刘海婷、谢凌思、刘健、魏日祥

项目地点 | 广东广州

项目面积 | 70 ㎡

摄 影 师 | 冯建

设／计／理／念

以简洁著称于世的北欧风格，深刻影响着“极简主义”和“后现代”风格。在20世纪风起云涌的“工业设计”浪潮中，北欧的简洁风格被推到极致。在如今，随着都市生活节奏的加快，慢生活的北欧风格受到越来越多的业主青睐，或清新，或舒适，或文艺，都表达着一种追逐美好的情怀！

家庭的客厅，是兼有接待客人和生活日常起居作用的。让客厅宽敞明亮是一件非常重要的事，不管空间是小户型还是大户型，在设计中都需要注意这一点。宽敞的感觉可以带来轻松的心境和欢愉的心情，整个空间的光线应该是充沛且光亮的。本案设计师在客厅硬装上的顶、墙、地不使用纹样和图案装饰，而是巧妙选择线条、色块划分不同的功能分区。一来可以延伸空间感，使之更为通透；二来则可以去掉繁冗的各种墙身造成的空间浪费，非常适用于中小户型空间。

为了将空间功能模糊化处理，可以选择利用软装饰品或家具材质和色彩的变化，简单划分出空间的层次。设计线条明朗流畅，设计师用直线设计成形，同时又十分注重细节的处理。而大胆使用饱和度较低的粉色和蓝色作为整个空间的基调，告别性冷淡，精巧浪漫色彩的变化有20世纪80年代的影子，复古而又时髦，用色彩把日子过成诗。此外，运用高彩度的色彩，同色系的产品配色和陈列，对比色的配色和陈列，邻近色的配色及陈列方式都能给人舒服和谐温馨的感觉。

风格营造 Style Creation

很多时候我们所认为的北欧风是简单、简约，而时尚的北欧风则追求设计美学，强调设计功能性与舒适性的同时，具有极高的视觉美感。经典复古的黑色壁炉营造，亮丽缤纷而不凌乱的色彩选择，大面光线的引入，让家随着光阴的变化，展现出五彩纷呈的自然景象。

怀旧的光

留一面墙／点燃怀旧的光
扮上少女的梦幻／粉粉蓝蓝／一碟一碗
甜腻的色彩／温暖是一种味道

THE SAIL ON THE COAST

海岸上的风帆

项目名称 | Vikingagatan

项目地点 | 瑞典

摄 影 师 | Henrik Nero

主要材料 | 木地板、不锈钢、乳胶漆、艺术挂画、地毯、布艺、铁艺等

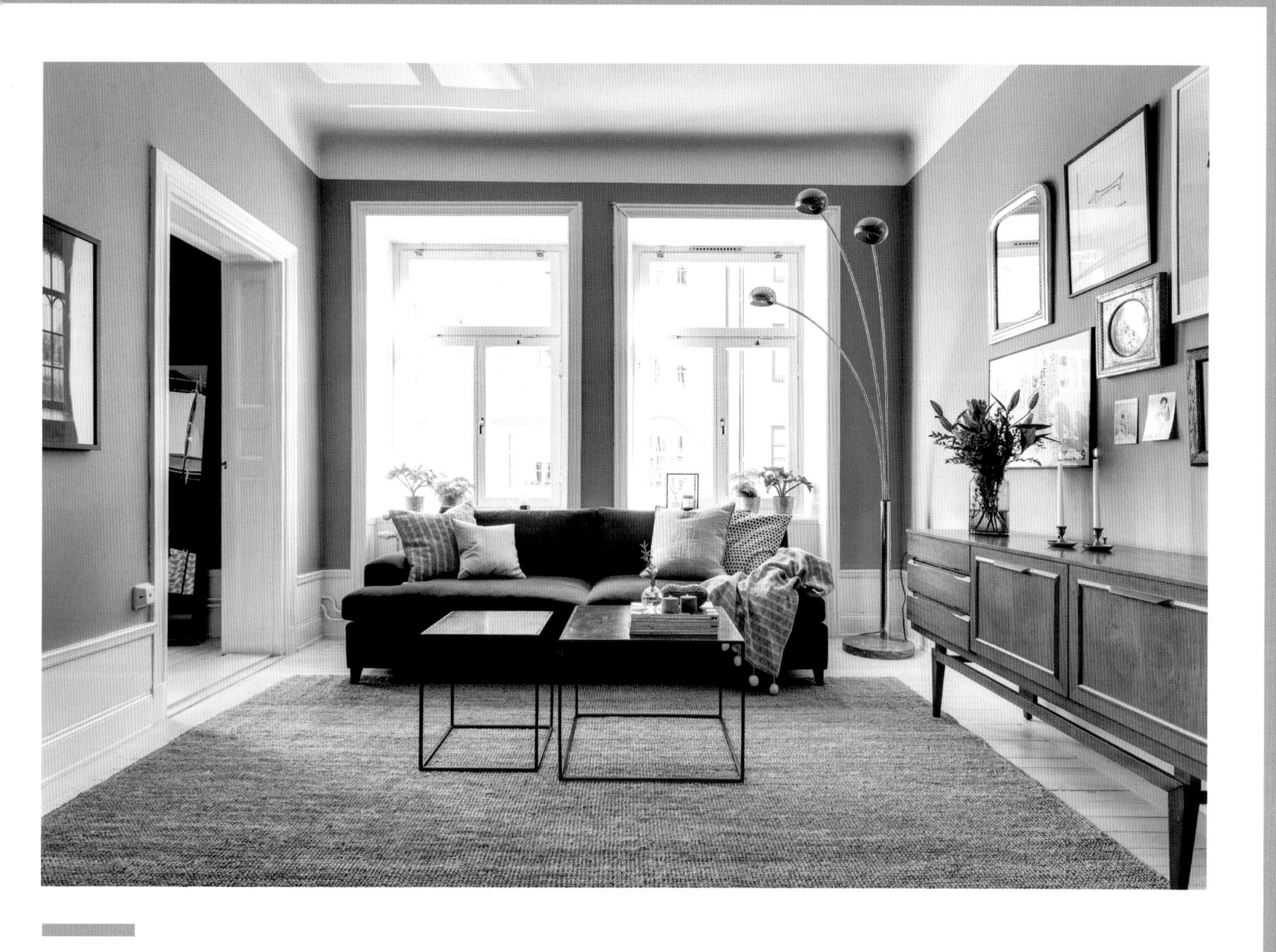

设／计／理／念

瑞典被认为是最适合组建家庭的国度，稳定充实的国家经济、男女平等的政策待遇为独立人格营造了良好的培养环境。这套位于瑞典的房子，是能包容一家人的真正的家。

家里不同灰度的蓝色，赋予了空间不同的意义。客厅是浅蓝色的，如同海平面一般，轻轻地摇曳，流露出祥和与安宁。木色的地毯犹如泛舟水上，营造出的休闲氛围能让人在紧张的工作后卸下一身的疲乏。带着妻儿挑选各自所爱的挂画，还可以挂上孩子可爱瞬间的照片，或者是你美丽的剪影。

住宅位于瑞典，设计做了经典的开放式西厨，餐厅则成了客厅与厨房之间无言的隔断。双面的收纳柜一面朝着客厅成为电视柜，另一面对着厨房做橱柜，一物两用既节省空间又简洁美观。

主卧是更深邃的天际蓝，配合白色的天花板显得那么宁静悠远。衣柜被漆成了与墙面一样的蓝色，如此也是好的，让空间更统一且纯粹。你一定也注意到了这个灯笼吊灯，多像船只上的风帆，用它点亮黑暗，给夫妻一个浪漫神秘的夜。卧室里还有一个静静温暖这个家的壁炉，造型简洁而美丽，壁炉上精美的雕刻是北欧文化的展现。

GOTEBORG

风格营造

Style Creation

住宅的空间分区以玄关为中心向外辐射，各个空间虽然有墙体隔断，但开的门非常多，向阳的墙面做了几个大面积开窗，给居室注入了灿烂的自然光线。

整体设计的动线清晰，木质地板选用浅色的木材，以呼应白色的天花板。天花板的颜色向墙体漫延下来，使得墙体的蓝色有所收敛不显得过于盈溢，同时加宽的踢脚线使得视线上移，加宽了地板的视觉效果。

家的守望

咸咸的海风从沙滩吹向你／你不是浮舟／在海面飘荡

回家吧／那里有等待你的夜灯

生活还在继续／梦想使你保持年轻

儿童房是可爱的粉蓝色。虽然孩子还没长大，但是书柜和书桌都已经准备好，爸妈总希望孩子快些长大。

家具是一些线条简洁的，没有过多装饰，铁艺家具是最佳选择，给视线以穿透性，实用且不阻挡视线。植物的摆设可以就女主人的心情而定，今天是尤加利，明天是橄榄枝，偶尔摆上一束百合花，宜心宜室。

THE VARIOUS FORMS OF LIFE

生活的千姿百态

项目名称 I Valencia Lounge Hostel

设计公司 I Masquespacio

设 计 师 I Masquespacio

项目地点 I 西班牙瓦伦西亚

项目面积 I 236 ㎡

摄 影 师 I Luis Beltran

风格营造 Style Creation

本设计的目的是将空间营造出一种更现代的气质，一种“家的舒适”。丰富的装饰元素，可以引发人不同的思维，从而影响到居者的生活方式。每个房间都设计了一个“D”作为元素的连贯。每个房间有不同风格的外表，这都是根据不同使用者的个性而设计的。

设／计／理／念

设计师首先是对项目建筑先前状况进行研究，其中包含了来自瓦伦西亚20世纪住宅的典型元素。它的老式水泥砖和天花板装饰了石膏模具，没有经过任何修改。

入门后你肯定会惊讶地环顾整个空间，因为房间鲜艳的几何色块实在太吸引眼球。整个项目图形模式的使用是经由西班牙创意顾问之手实现的。

即使是改变了北欧风格小清新的用色，这里的设计比例仍然有北欧的氛围特征。客厅里，经典的白色与蓝色搭配出阳光大海的味道，加一味火辣辣的红色犹如热带的海滩，那么明媚，又分外活泼，好像设计师开了一个趣味十足的玩笑。

这里每个房间都有不一样的情调，我们就可以认识到房间里的冲浪爱好者、音乐爱好者或者是别具风情的民族潮流。有人喜欢海边情调，在这个房间里人们可以想象：蓝色天空下，沙滩旁有一间草屋饮品店，这里有阳光浴后的游人，点一杯椰子汁与同伴轻快地交谈。有人则喜欢宅在家里，这个房间是清新的，装饰是洁简的，色彩是柔和的或者做成文艺的渐变色，就喜欢点灯夜读的情调。这里有男孩喜欢的粗犷旷达，还有能够满足女孩儿少女心的细腻浪漫。

设计中除了单椅和扶手椅之外，所有灯具、桌子和装饰元素都是由设计师亲自设计的，每一件单品制成时都是他们最适合的形状，静静地装点在生而为它准备的地方。空间的挂画与几何色块相配合，都选了现代几何构图，灯具讲究简洁，若有似无地存在于需要它们的地方。

创意总监说：“我们想为人们重新创造一种宾至如归的感觉。当他们在享受假期的时候，给他们体验他们所梦想的、脱离现实的一种新的生活。”

30 000 AÑOS DE ARTE

态

真的很精彩
这里有不同的姿态
当今天成为过往
你可能会想起我
就像想起曾经的灿烂烟火

SOU
NDS

YOU ARE THE MAIN THEME OF MY LIFE

你是我故事的主线

项目名称 | 纷蓝
设计公司 | 清羽设计
硬装设计 | 宋小聪
软装设计 | 宋小聪
项目地点 | 四川成都
项目面积 | 131㎡
主要材料 | 洁具、地板、整体橱柜、乳胶漆、木门、木作等
摄 影 师 | 季光

设/计/理/念

Toffee和汤汤都是90后，我曾倾听他们的故事：青梅竹马，少年相恋，从遥远的西北携手来到“天府之国”——四川。在这里，他们相互扶持、不离不弃，在异乡打拼着属于自己的一方小天地，直到现在，他们拥有了属于自己的新房。

Toffee和汤汤把他们对新家的美好向往都托付给了设计师。匆匆，半年的时光在讨论与设计中不知不觉地流走，而业主与设计师共同期待的新家以它该有的样子逐渐呈现了出来。

女主人Toffee喜爱北欧风的简单纯净，她喜欢悠然的蓝色，喜欢散发着慵懒闲适气息的布艺沙发，喜欢清晨时沐浴在阳光里，更喜欢有爱人陪伴时的美好的一切。而男主人出于对妻子的爱，一切以她为重，支持她的所有想法，努力实现她所有的愿望。

居室大部分墙面都漆上了蓝色，以不同的色度给予不同功能区以层次感。家具尽可能都采用温润的木质材料，营造出来的温馨气息不止于单个生活场景。室内摆放了常见的北欧绿植，在蓝色的背景下显得鲜嫩且活泼。

成双
爱情的美好／是我能跟你一起长大／见过你哭
陪着你笑／跟你一同经历的时光／都像这树的年轮
一圈一圈／圈出今生的缘分

风格营造 Style Creation

北欧风格居住空间的设计主要以色彩定调。大自然的取材总是最有亲近感：木地板、自然纹理的木家具、大地色系布艺沙发与蓝色呈比例搭配在一起，和谐于同一个空间中，天花板是纯净的白色，三大主色自下而上形成鲜明的空间层次，而绿植的搭配恰到好处。

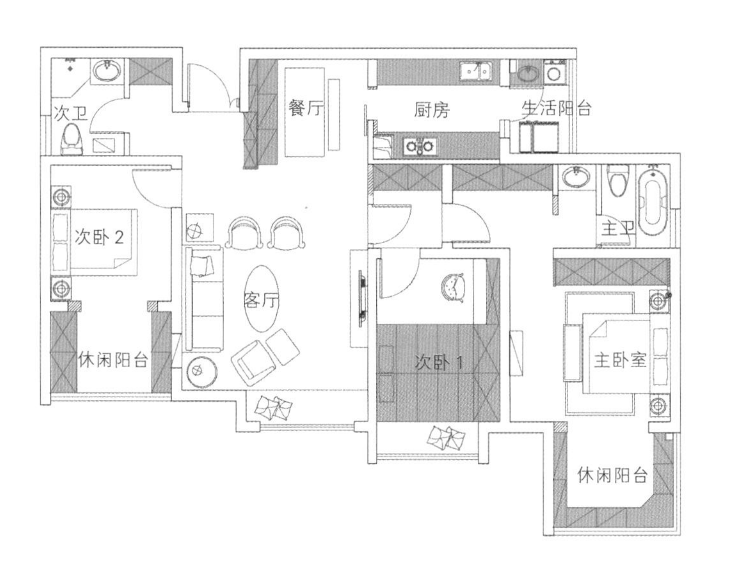

空间的温度取决于居者的情感温度，这对恋人在等待新房时表现出来的爱早已溢满了整个房间。在客厅，仿佛能听见他们接待朋友时的欢声笑语。餐厅摆着他们共同挑选的餐具饰品，可以想象在逛家具城时的开心场景。温暖的阳光房里都能看见他们闲适的午后时光，你的头枕在我腿上，而我看着书等你醒来。

THE SPIRIT OF A SINGLE

单身情怀

项目名称 I Jöns Rundbäcks Plats 1

房地产开发公司 I Bjurfors

项目地点 I 瑞典哥德堡

项目面积 I 39 ㎡

主要材料 I 木地板、布艺、挂画、地毯、瓷砖等

设／计／理／念

单身的美妙，在于可以对自己任性。

居所不大，所有的设计都是自己喜欢的布置。有一间大小正好的起居室，设计师把原有的阳台收纳进来以扩大室内空间。周末可以请一两个挚友，谈天说地，无拘束地坐在地上。

餐厅气氛有清新的小资情调。白色的桌椅静静地融合为一体，木质桌面是与地板的合唱。平时会在这里办公、上网或者写写画画。闲时下厨做些简餐，可能在做得好的时候拍照分享在社交网上。因为对生活的热爱，生活是充实的，一个人竟也不孤单。

厨房布置非常整洁，面积不大但是有足够的收纳空间。橱柜下烤箱、收纳柜一应俱全，两个大壁橱足够容纳居者的各色酒杯与美酒佳酿。

柔软的床跟厨房一墙之隔，卧在这里的时间会更多些。经过一夜的休息，在早晨闹钟响起时，身心都能够一跃而起，气势昂然地去“征战四方”。也许有一天会发现自己偏离了曾经的梦想，长成了模糊的模样，但请收起你滚烫的回忆。人生的旅途，经过你的长途跋涉来到了今天，当下的生活是你要去改变的，要去保持的，还是你要去提升的?

家，不一定期盼你衣锦还乡，但在你身心疲惫，甚至遍体鳞伤的时候，回来，在这个熟悉的地方舔舐你的伤口，因为明天还握在自己手上。

风格营造 Style Creation

居室里各个功能空间没有墙体隔断，没有多余的线条。开放式的布局让小面积的空间不显局促，而白色充分扩大了人的视觉体验。空间配色力求简洁，极具包容性的白色空间里注入时尚的灰色，木质地板给沉默的灰白以温暖的关怀。

绿植是来自自然的声音，日常浇水剪叶是一种修养身心的方式。错落有致的大小挂画是居者艺术精神的展现，丰富空间语言，同时也提高了审美。

诗生活

钢筋混水泥／是城市许的公平

生活的诗意／是满足心灵

空间里最明亮的点缀／始终是那个乐观的你

乏了就开起热水痛痛快快浇洗自己。卫浴空间设计用了经典的格子瓷砖，气氛文艺且小资。用墙体做了干湿区的划分，如此一来，所有的需求都一一得到了满足。

在城市的方盒子中住久了，身心便有了回归自然的期望。房间里摆上治愈系植物，配上精心挑选的花瓶。所有陈设都是朴素的、简雅的，在贴近自然的同时愉悦你的精神。

THE BRIGHT SUNSHINE OF GOTHENBURG

哥德堡的阳光

项目名称 | Chalmersgatan 19

房地产开发商 | Bjurfors

项目地点 | 瑞典哥德堡

项目面积 | 48 ㎡

主要材料 | 仿古砖、水泥砖、实木复合地板、墙纸、不锈钢、乳胶漆等

设／计／理／念

家是能让人彻底放松的地方，工作在外难免会将自我包装，只有回到家，才会卸下层层束缚，回归最真实的自我状态。而北欧风以舒适的色泽，打造最清新温馨的空间，给归家人一个温暖的怀抱。

本案以白色打底，家具和硬装加入适当的灰色和木色，同时以浅粉色和黑色营造一丝空间的跳跃感，使得整个空间静中有动，不至于太单调，为忙碌的主人打造一个最舒适自然，能让他们做回自己的空间。

室内空间并不大，48㎡的面积适合都市单身青年的居住。因此空间布局简单，客厅和餐厅、厨房开放式相连，室内采光极好，公共领域和主人卧室都能享受到阳光的温抚，加上室内多处大盆栽的绿植，简直打造了一个阳光自然的有机宅，即便生活在都市，也能享受自然清新的居住环境。

正如业主所期望的一般，室内简单的空间与舒适实用的功能完美贴合，营造出自在随意的轻松生活氛围。简约的线条和精心挑选的摆件、绿植，让空间中温暖和自由并存，同时精致的北欧元素也勾勒出美好生活的空间形态。

北欧的风

白色为肤/是你不变的底色/来自哥德堡的阳光
照亮你脸庞/温暖你心房/自然清新
永恒不变的/是你舒适阳光的气质

风格营造 Style Creation

本案位于瑞典哥德堡，是纯粹的北欧风设计。你能看到大面积的白色就如同瑞典地区的常年的日照，给人清新明亮的感受。室内色彩除去常见的黑白色以外，多以低饱和度为主。家具选择统一且舒适，室内绿植是必不可少的装饰，即便空间不大，也会选择大盆的绿植，给室内增加更多自然有机气息。

MY HEART IS AS CALM AS THE LAKE

我心是平静的湖

项目名称 | 重庆天地

设计公司 | 双宝设计机构

主案设计 | 张肖

软装设计 | 周书砚

项目地点 | 重庆

项目面积 | 300 ㎡

摄 影 师 | 董立平

设／计／理／念

百搭白、中庸灰、炫酷黑，在视觉上搭配出一份高冷、硬朗的气质，而不另类又不人云亦云的设计风格，更可以满足从事金融行业的男业主对于审美和家的概念设想。

设计师将4室2厅的空间改成2室2厅，上为生活居住空间，下为娱乐空间，打破原本比较规矩的空间格局，让建筑空间得到一定程度上的释放，变得开阔、明亮，给人留出更多可以自由呼吸的处所。

整体风格上，设计师摒弃多余的装饰，化繁为简，力求线条明朗、造型简洁利落，将“金融男”最自然的生活状态与家相融。在家具的选择上，搭配“小细腿”家具，以简洁的线条感和轻盈的设计感突出居所的独特美感，给人闲适的居家体验。明度偏暗的土黄色Natuzzi沙发提亮空间，增加一点趣味，让客厅多一些“人气”。

细节上，设计师在地面运用法国18世纪的凡尔赛拼接设计，将简约与优雅融合在一起，给主人不同的视觉享受；将葱郁的植物引入室内，不刻意、舒适而灵动，又增添一份源于大自然的清新，让空间和人的关系更加亲近、和谐，在理性的空间里注入人文情怀，返璞归真，带来真正的放松。

燃烧
择一日空闲／旁似有炭火生暖
手有书墨余香／对景赏书／线条柔美
描出粗犷与细腻／心在燃烧

风格营造 Style Creation

以白色打底，原木色、深棕色、灰色等颜色浑然一体，没有繁复华丽的花样与纹饰，造就空间的理性和冷静，静谧、安宁气息无处不在，升华出自然、简约的气质。

“小细腿”家具也称北欧腿，不仅清洁不费力，更会让空间显得特别通透、明亮。这些特性在开阔的房子里，也尤其彰显出居家的自然、放松，居者轻轻松松便能感受到其中的安乐舒服。

儿童房中，设计师以白色为主基调，运用轻松、愉悦的色彩和搭配，引导孩子充满活力的天性，激发他的想象力。且在这样的卧室里，即使孩子一个人睡觉，也不会感到孤单或恐惧。人体石膏像、艺术画等软装的摆设，还可以培养孩子的艺术细胞。

卫浴间也要体现出简约、惬意的氛围，要求设计师在空间的布置上做到张驰有度。合理划分不同的功能区，避免物品的杂乱堆放，用石材特有的粗犷纹理打破木材的细腻和单薄，一粗一细对比鲜明，营造出不事雕琢的自然感。

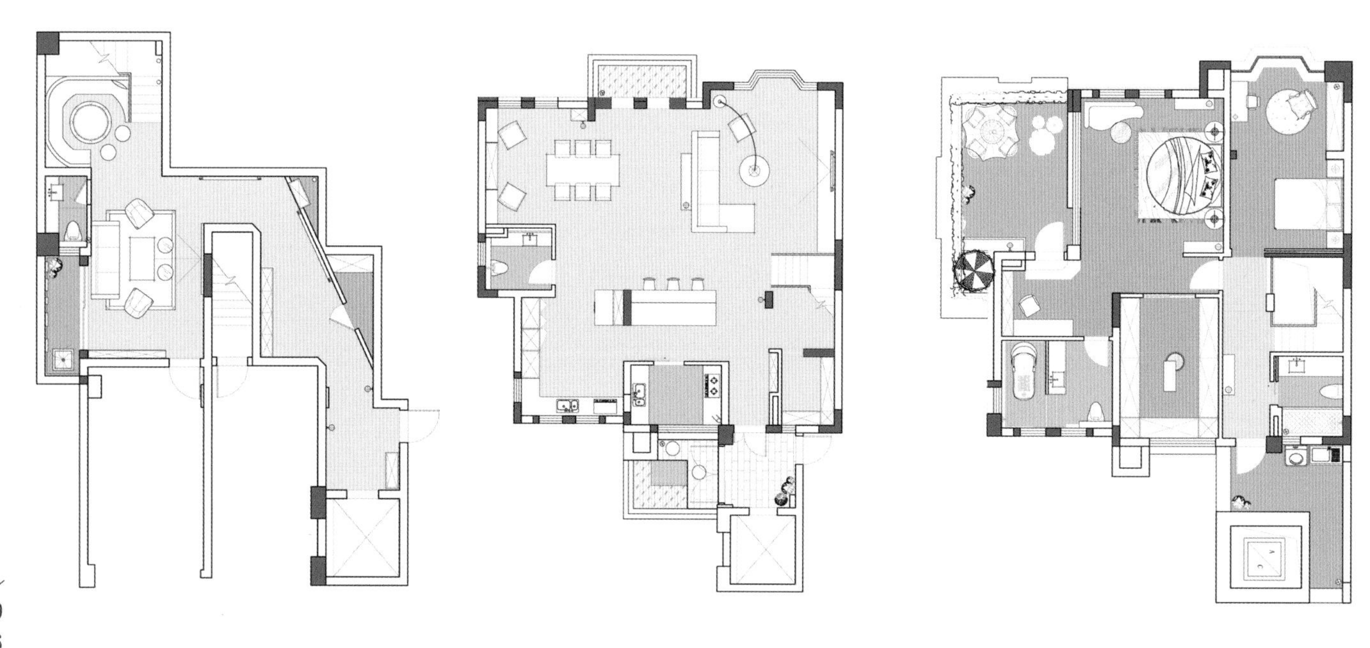

THE COLORFUL MEMPHIS

色彩孟菲斯

项目名称 | 龙湖拉特芳斯

设计公司 | 双宝设计机构

设 计 师 | 周书砚

项目地点 | 重庆

项目面积 | 100 ㎡

摄 影 师 | 邱若杰

你的世界

生活没有固定模式／丰富是趣味生活的仪礼

精彩世界／需要我们更包容的心态

当你能够容纳／你就有了世界的色彩

风格营造

Style Creation

设计师大胆运用几何构成，撞色搭配，以开放的设计思想，赋予空间新形式、鲜艳的色彩、打破常规原则的线条结构以及乐观、自由、无所畏惧的态度。

设／计／理／念

色彩能刺激人不同的感官，可以陶冶人的情操，也可激发想象，因此墙面上大胆的撞色条纹组合成为了整个空间的亮点：饱和度极高的蓝色、色度柔和的粉，分别代表男性与女性、冷静与细腻，中间重叠图案则代表一个小生命的诞生。

为了将更多的阳光引入室内，设计师将楼梯设计在入户右侧，同时采用玻璃材质，让空间通透敞亮。楼梯下方设计了更多的储物功能和餐边柜，厨房以开放式为主。楼梯间拐角处为半开放式的书房，墙面各色几何图案的拼接，增加了一抹幽默之感，让工作和学习都不再烦躁。

主卧和次卧都采用了简单的北欧灰白色系，回归自然，营造出一种舒适、宁静的氛围，次卧黑色吊线的“帽子灯”由闲置的黑色毛毡帽改造而成。儿童房的主色调以柔和的粉色为主，搭配毛绒的配饰，给予小朋友温柔的呵护。

THE BLACK AND WHITE KEYS OF TIME

时光的黑白键

项目名称 | 黑白复式

设计公司 | 上海目心设计

设 计 师 | 孙浩晨、张雷

项目地点 | 上海

项目面积 | 68 ㎡

主要材料 | 实木复合地板、乳胶漆、地坪漆、黑色亚光金属、大理石等

摄 影 师 | 张大齐

设／计／理／念

家宅是我们在世界中的一角，我们常说，它是我们最初的宇宙。

——《空间的诗学》

这一处小型住宅位于上海市中心的一个发展成熟的住宅区，尽管离街道不远，其周围环境依然十分安静。该项目旨在为一位生活精致的女士打造小体量的理想住宅。

色彩中流露出来的是空间的情绪，居室的黑白搭配传达出潺潺的宁静悠扬。低调的黄铜与其铮铮然的金属色泽，犹如金黄色的阳光，熠熠闪烁在房间的每一个角落。无论是款式、风格还是色彩，所有材料都保持其本身的模样，不施脂粉却自显其华。

设计的最初阶段，设计师严格把控了区域尺度，房屋为两层复式空间，层高为4.5m，设计师对上下楼层之间的高度做了谨慎仔细的研究，以便为各功能区提供清晰而合理的空间维度。为了使空间利用率最大化，设计师在中央区域预留了足够的开放空间。

居者希望对住宅做简单实用的设计，上层主要作为居住休息空间，而下层留作工作、学习、休闲等生活空间。因此上下两层空间呈现出了相互独立的生活形式。

设计师给予了新居充足的存储空间，与此同时，还最大程度地满足居者的审美需求。双层高的建筑搭配安全可靠的钢制楼梯，黑色扶手梯线条简洁利落，在白色的背景里勾勒出如变奏曲般的律动感。整栋复式公寓采用了地暖设备和自动恒温系统，在寒冬时分温暖一个带着风雪归来的你。

楼梯就像一条小节线，间隔节奏却并不分离，并围合出了餐厨空间。迷你厨房以白色作为区分，有别于客厅的深色调。餐厅简洁中洋溢着祥和，一张橡木餐桌，一顶酒杯吊灯，应景的现代挂画，并摆上精心挑选的餐椅——搭配不是简单的组合，搭配是一加一大于二。

SHINY
FURNITURE
2012

风格营造 Style Creation

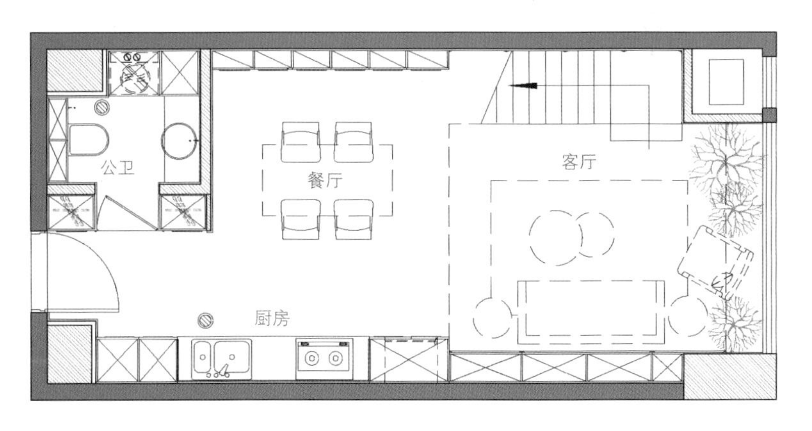

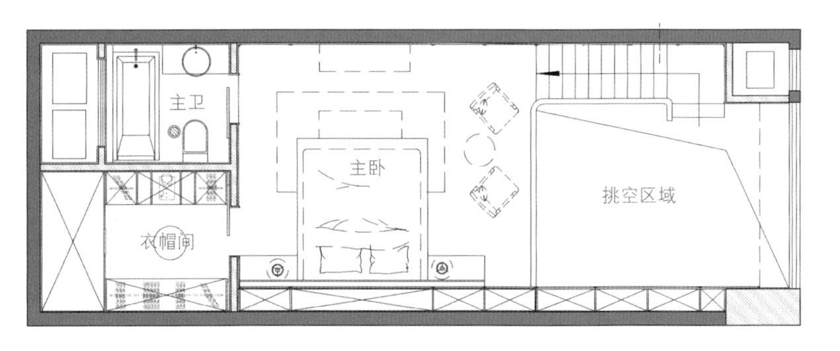

项目的重点在于打造舒适宜人的内部空间，同时在各功能区之间组织合理的交通动线。因此，空间中包含多个轴线，而餐厅环绕的动线令空间循环加倍，体验感也得以增强。空间规划清晰而直观，一层的厨房、餐厅、卫生间、客厅以规整的形态整合了整个空间的秩序。

倾城

花枝素钗，取材于大自然的本真/才配得上你
手磨一壶醇香的咖啡
拉一朵不拘形状的奶花
你赤着脚/是倾城的年华

拾级而上到达上层卧室。卧室地面采用亲和的灰色橡木地板，床铺侧面的墙板里隐藏着女主人的步入式衣帽间。此外，淋浴间也位于二层。

罗兰·巴特说：“生活是琐碎的，永远是琐碎的，但他居然把我的全部语言都吸附进去。”

居者热爱生活，喜好读书，她希望自己的家可以种植花草，并时刻沐浴在和煦阳光之下。设计师充分尊重使用者的意见，在南向阳台中疏密有致地种了绿植，日间阳光从东面的窗口穿过窗帘洒入室内，空间内的材质及色彩融于阳光中，展示出无以言表的和谐感。

SHINY FURNITURE
SHINY FURNITURE

CREATE A HOUSE AGAINST THE WORLD

筑个小窝与世界抗衡

项目名称 | 90后的小窝

设计公司 | 尚舍设计

软装助理 | 唐竞

项目类型 | 软装设计

项目地点 | 四川成都

项目面积 | 90 ㎡

主要材料 | 木地板、木作、地毯、墙纸、金属、绿植等

设／计／理／念

家，融合了我们在日常生活中方方面面的兴趣，还要能容纳我们想和心爱的人们共度时光的热忱之心。

居者是一位常年往返中国与欧洲的90后，见惯了这世界的纷繁，更愿意自己的小窝清新简单。在原本纯净白色的空间中，如何用陈设手法将其变身为一个美好的家，是居者的期待所在。

你说你喜欢音乐，那便添一台高颜值、高音质的音箱。在那个忙碌后的黄昏，放一支悠扬的大提琴曲，款款微风拂动你的衣袂，所有美好的音符都乘着风飘扬在属于你的小世界。精致的你热爱美妆，那就置一张貌美的梳妆台，这里可以装下你所有“战利品”。无论是早晨还是午后，选一支适合的眉笔，挑一饼称心的腮红，精致的妆容下你笑靥生花。即使是一个人，也要有满怀的少女心。给你足够多的收纳空间，这里遍布你爱的玩偶公仔、手办和周边……这些，那些，都正是生活本身的内容。

你需要一个开放式的客餐厅，说这里一定要颜值满分。你看这些琴叶榕、尤加利、天堂鸟、斑马万年青、绣球——取材于自然，用植物满足你的审美需要。开阔的区域还要有一面够大的落地镜，映出你不同的装扮，昨天是欧美街拍风，今天是运动休闲风。还有，不能忘了给两只乖萌比熊的小窝。

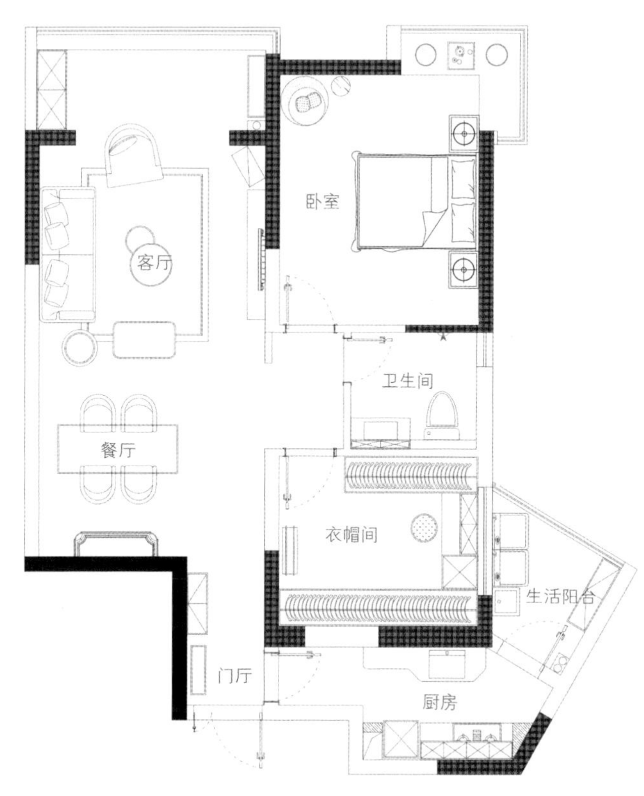

风格营造 Style Creation

居者有独特的个性特征，鲜明的生活需求。长时间跨国工作的居者对空间风格有自己的见解和追求。长途奔波后，舒适休闲的北欧风情能让居者紧张的工作节奏得到舒缓。纯净的空间中不一定要用蔚然的蓝色，绿植与摇椅是点睛之笔，柔软的沙发包容的不仅是疲惫的身躯，更是紧张的心情。

完美的公共空间里，需要一间能与外部世界抗衡的慵懒、柔软、舒适的卧房，菱格墙纸、木质地板与素色床用，个性精简。飘窗是明亮的阅读区，阳光明媚的周末，窝在这里不理烦扰，还有比这里更治愈的地方吗?

等待你

世界很精彩／缤纷会使你迷失方向
回来吧／这里是你出发的能量站
家是温馨的／温馨会使你安逸
远行吧／这里是你归途的灯塔

THE FINELY TENDERNESS FILLS UP THE BLANK

细碎温柔，把空白填满

项目名称 | 星河国际

设计公司 | 鹏宇装饰有限公司

设 计 师 | 陈倩

项目地点 | 江苏常州

项目面积 | 140 ㎡

主要材料 | 木饰面、文化砖、瓷砖、木地板、墙布等

摄 影 师 | 一米

设／计／理／念

设计师用大片灰展现空间的高级感，看似随意摆放的绿植，却在不经意间点缀出生活的情调，用新鲜和活力注入设计的精髓。所谓一切简单的陈设，只为打造舒适的生活，精心而简洁的布局，直截了当且贴近自然，演绎出空间独特的艺术魅力，真实还原一份宁静的北欧风情。

客厅整体以灰色为基调，淡雅中性，有别于常规制作电视背景墙，而是选择用成品组装柜呈现出背景墙的感觉。这样既轻松满足了空间收纳，同时原木柜又能中和空间基调，把北欧的自然淋漓散发，再点缀几株绿植，便生机盎然。在过道处设计师巧妙打造置物架和收纳柜，与客厅相呼应，在提高空间利用率的同时也装点了小家，精致美丽，从细节出发，规划空间设计美学。

此外，餐厅中延续性的文化砖表现着空间立体且粗犷的质感，搭配不规则餐边柜呼应着随性自然，柜下留出空间堆放圆木桩，巧妙打造出北欧的质朴原始，用木的特殊纹理感，烘托家的温暖，让一日三餐变得精彩。

色调越纯粹，越能展现高级感，灰白映衬下的空间，带来极致的感官体验。半开放的客制台盆柜和定制铁艺隔断打造干区工业北欧风。湿区恰到好处的腰线，让空间具有层次感。书房兼具储物功能，细腿书桌带来北欧的简洁美，铁艺椅简练时尚，随意摆放的懒人沙发，打造慵懒惬意的私人空间。

A Z

云淡风轻

离尘世越近／离本真越远／真正懂得的美

心无尘埃／不浮不躁／活得自然／简单而快乐

不得不说绿植是北欧居室空间的一抹亮色，自然清新又带来好心情。同时，简约布局和简洁的色彩，也是北欧装饰的不二之选。而此案中餐厅的设计令人尤为喜爱，餐椅带来的不对称美，格子餐桌布装点的文艺清新，粗糙的墙和自然原木，都能很好地将北欧空间的经典格调呈现出来。

为了尽可能地扩大卧室面积，选择拆除飘窗，且不做飘窗柜，给业主充足的空间自在休息和放松。个性时尚的壁灯点亮温馨居室，鲜艳的抽象画打破空间的宁静，丰富空间色调，活泼的跳跃感，如同在生活中融入一丝激情，演绎独特的设计魅力。

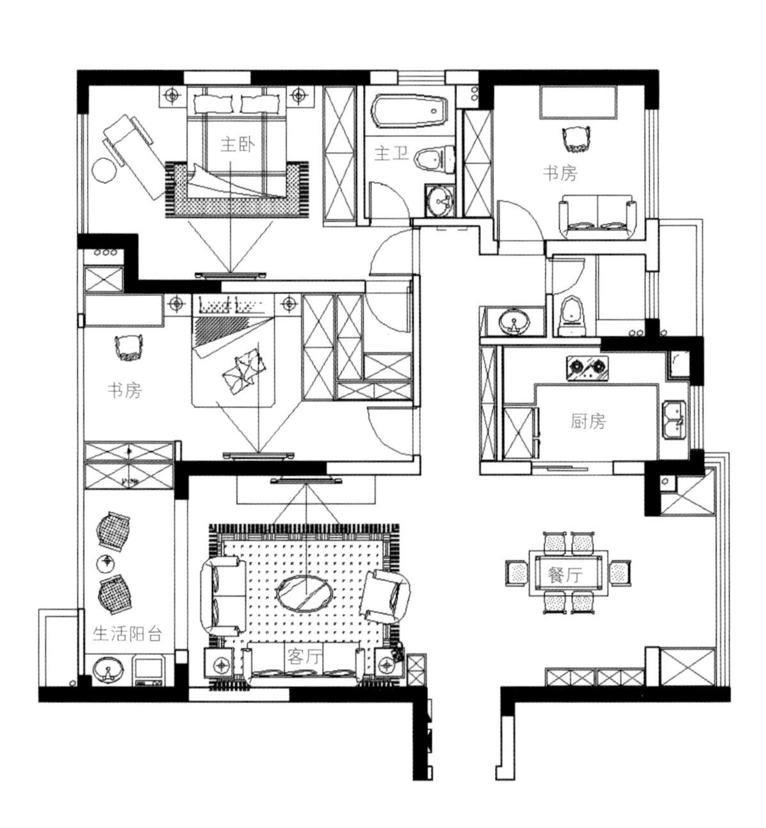

主卧
主卫
书房
书房
厨房
餐厅
生活阳台
客厅

RETURN TO SHU · WAIT FOR YOU AND ME

归蜀·待我与等你

项目名称 | 保利百合花园

设计公司 | 尚舍设计

方案设计 | 胡星

软装助理 | 王宏成

项目地点 | 四川成都

项目面积 | 105 ㎡

主要材料 | 洁具、布艺、地板、涂料等

设／计／理／念

我的理想家庭要有七间小平房：一间是客厅，古玩字画全非必要，只要几把很舒服宽松的椅子，一二小桌……桌上老有一两枝鲜花，插在小瓶里。两间卧室，我独居一间，没有臭虫，而有一张极大极软的床。在这个床上，横睡直睡都可以，不论咋睡都一躺下就舒服合适，好像陷在棉花堆里……这个家顶好是在北平，其次是成都或青岛，至坏也得在苏州。

——老舍

正如老舍设想理想家庭里需要有小平房和一妻一儿一女，在本案中，业主有房子，也有一个温暖的小家，而房子可能不是最重要的，爱才是。

故事的男主角酷爱摄影，目所及处皆是他的作品。天海尽头的落日余辉、风暴中的深圳湾大桥、嬉戏玩闹的小孩、纷繁的城市与写意的山水，每张照片都有背后的故事，爱好真正成为了生活记忆的一部分，这里也成为了他的“好色”家。客厅放大版的落日余晖油画，就是他前往唐克镇旅途中记录下的一刹那。

简约的餐桌，高度刚好，可以放几个小菜，两碗清粥，恰好适合三两人用餐。旁边的花器里伸出枝桠，点缀应季蔬果，间或有应景的红酒，便是生活的小欣喜。阳台有竹制的小案几，舒展的线条，本真的竹色，随着太阳升高，日光温柔地洒下，泡一壶清茶，生活简单，也可以心满意足。

ROCKY

Arletta
Trainspotting
ROCKY
SPACE
THE HOTEL BOOK
ROCKY
KELLY HOPPEN STYLE
Notre Dame

享

风舞在绿植上／影闪在靠枕间
清茶与饮茶人
沉醉在光影正好的案几前

上楼转角即是小朋友的游戏区。拼砌、拆建、奇思，用乐高诠释无限创意，培养小朋友的思维与想象力。主卧摒弃了公共区域的色彩感，尽可能地简单、从容。清风徐来时，业主可在阅读与乐声中享受完全放松的休憩时刻。在儿童房中，设计师考虑到小朋友正处于快速成长的阶段，将房间设计为无拘无束、兼顾学习和游戏的区间，色彩与细节的处理都更具趣味性。

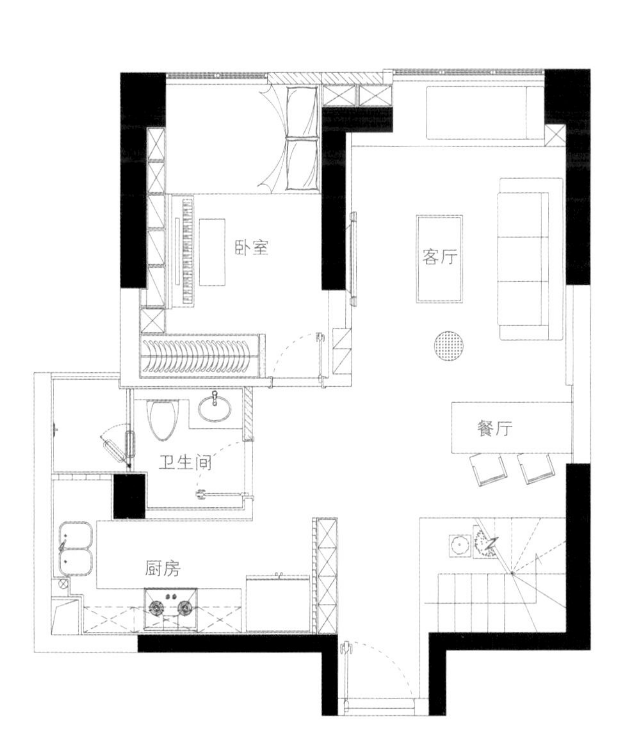

风格营造 Style Creation

黑、白、灰、木色在空间中不断循序渐进，橙、绿对此进行互补与点缀，个性的吊灯与壁灯则不加掩饰地施展其创意的属性，依墙设计小书架，整体趋于稳重、实际，淡淡的北欧风也令人为之着迷。

转角的你

你爱玩／你好奇／你经常闹
也常常笑／我们在一边
看着你／加入你／这是我们的小确幸

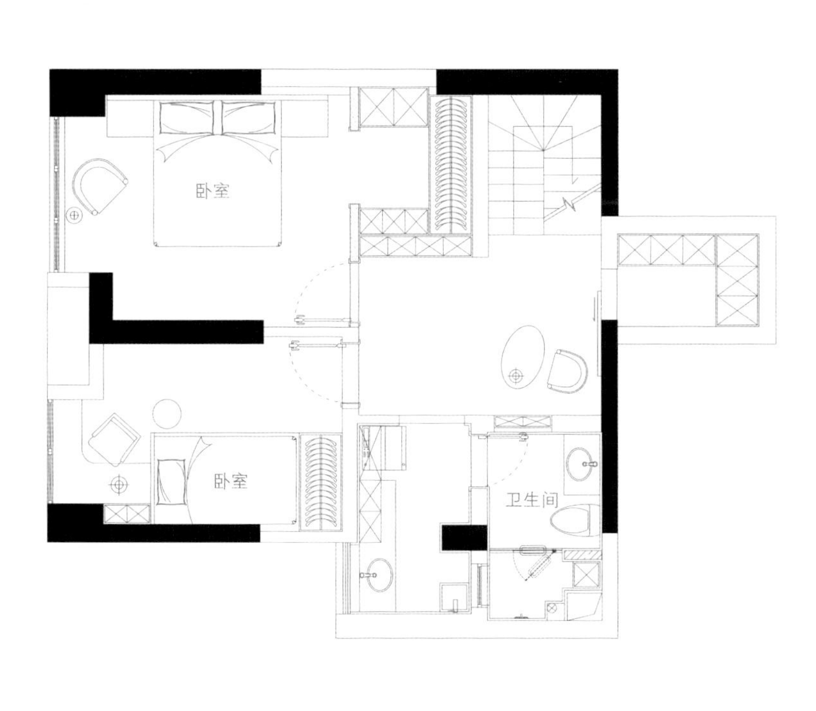

卧室
卧室
卫生间

THE RETRO AND NATURAL NORDIC HOUSE

复古自然的北欧之家

项目名称 | 禧悦

设计公司 | 一野设计

项目地点 | 江苏苏州

项目面积 | 260 ㎡

主要材料 | 乳胶漆、石膏线条、实木多层地板、地砖等

设／计／理／念

生活在快节奏的当下社会，人们常常感觉负荷过重，曾几何时，减压的生活方式，成为都市人群共同追求的课题。如果你想要更好的生活，就把生活塑造成你想要的样子，那样才会让你自己更舒服，才能找到属于自己的生活、幸福及舒适。

怀旧复古的北欧风，自然、艺术、随性，一切都带有时间的气息。在大自然神奇的诗章里，藏着亘久弥新的深情。空间的和谐在于联系，在呼应和配合中，让客厅有了满满的幸福味道。无论是张力感极强的黑白照片墙，或是散落在地毯上的毛毯，都体现一种悠然的生活态度。如果世界仅是黑白，生活将会多么无趣。于是鲜活的绿色，是活力更是生机。

厨房灰色的橱柜配搭精致复古银色拉手，配以小白砖墙面，构成了整个舒适自在的烹饪空间。卧室外黑色木框玻璃折叠门，保证了空间的通透性，拉上窗帘，私密性同样也得到了保证。而主卧大面积运用蓝灰色涂料，自然木制床，个性小边几与圆形时钟相遇，仿佛遇见了时光。内卫采用半墙小白砖铺设，上半墙大地色防水涂料，黑色定制台盆柜配以金色颗粒拉手，自然复古。

风格营造 Style Creation

简单的生活情境，营造舒适的北欧风。设计师巧妙避开了北欧风的冷淡，在简约的调性下选择了各种大面积的亮色来点亮空间，更搭配有趣复古的摆饰，来营造温馨的生活氛围，让房子真正变成了暖暖的家。

复古青春

繁华都市的喧嚣中／我们片刻不停的忙碌
天然的木作／藏着岁月的年轮／舒适的单人沙发
是身的停靠／心安处，即是家

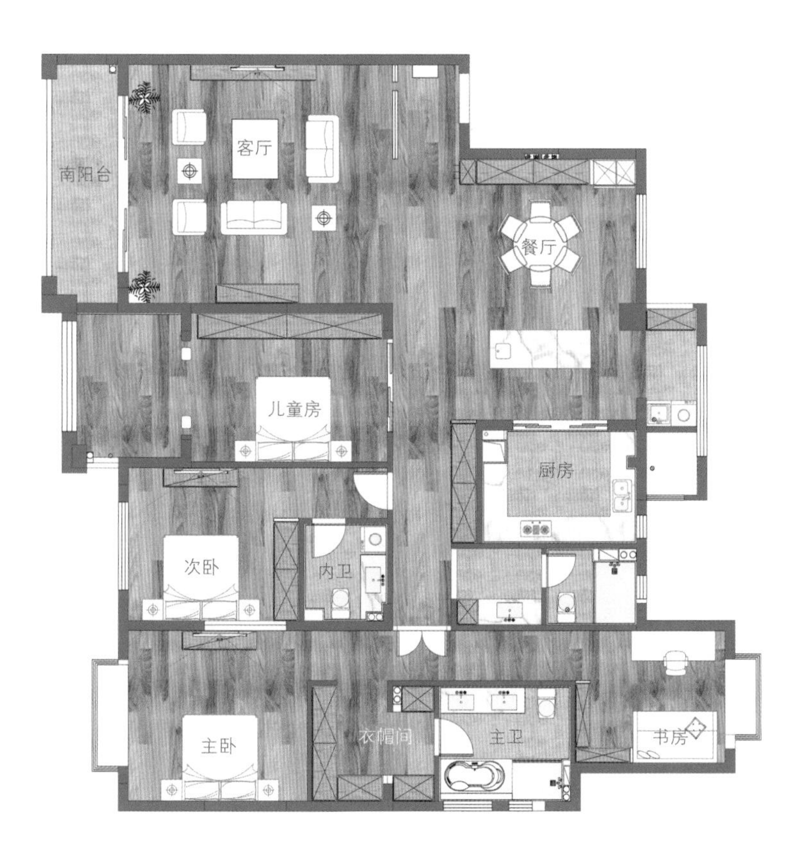
南阳台
客厅
餐厅
儿童房
厨房
次卧
内卫
主卧
衣帽间
主卫
书房

YOU AND ME IN THE SHOT

镜头里的你我

项目名称 | 万里世纪豪庭

软装设计 | 文青糖果软装

设 计 师 | 梁云飞

项目地点 | 浙江宁波

项目面积 | 175 ㎡

主要材料 | 乳胶漆、瓷砖、板材等

设／计／理／念

泰戈尔在《飞鸟集》中说道：“世界对着它的爱人，把它浩翰的面具揭下了！”而本案在设计师和业主看来，便是“最好的他们遇到爱设计的我们”。男主人是摄影师，对美的事物特别有追求，女主人从事自由贸易方面的工作，两人的审美虽有不同，但观念比较接近，设计师依据这些特点，呈现出一个具有北欧气度的家，将家的温度揭示在业主眼前。

业主起初着手软装搭配的时候，喜欢在网上“逛”，有的东西一眼相中，琢磨着买来可以放在家里的哪个地方。可是之后便发现并不如意，比如买的放在沙发上的几个抱枕，单个儿看着挺好，放在沙发上就怎么都不太搭，于是决定请专业的人做专业的事，还可省时省钱省力。设计师以大破大立之势，以业主的喜好为基础，定色调、挑物件、放绿植，空间里不设鲜艳之色，家具、摆件各式各样，整体敞亮通透，给人一股静谧、丰富且不沉闷的自然气息，令人心生舒畅之意，让软装设计带给家不一样的改变。这其实和业主的选择也不无相关。男主人喜欢一些黑白色调和比较有设计感的物件，因而在软装的设计上，有时候他的选择会显得有些“极端”，这时女主人便会提出一些反对意见，因为女主人更喜欢一些看上去比较温暖又可爱的小东西。

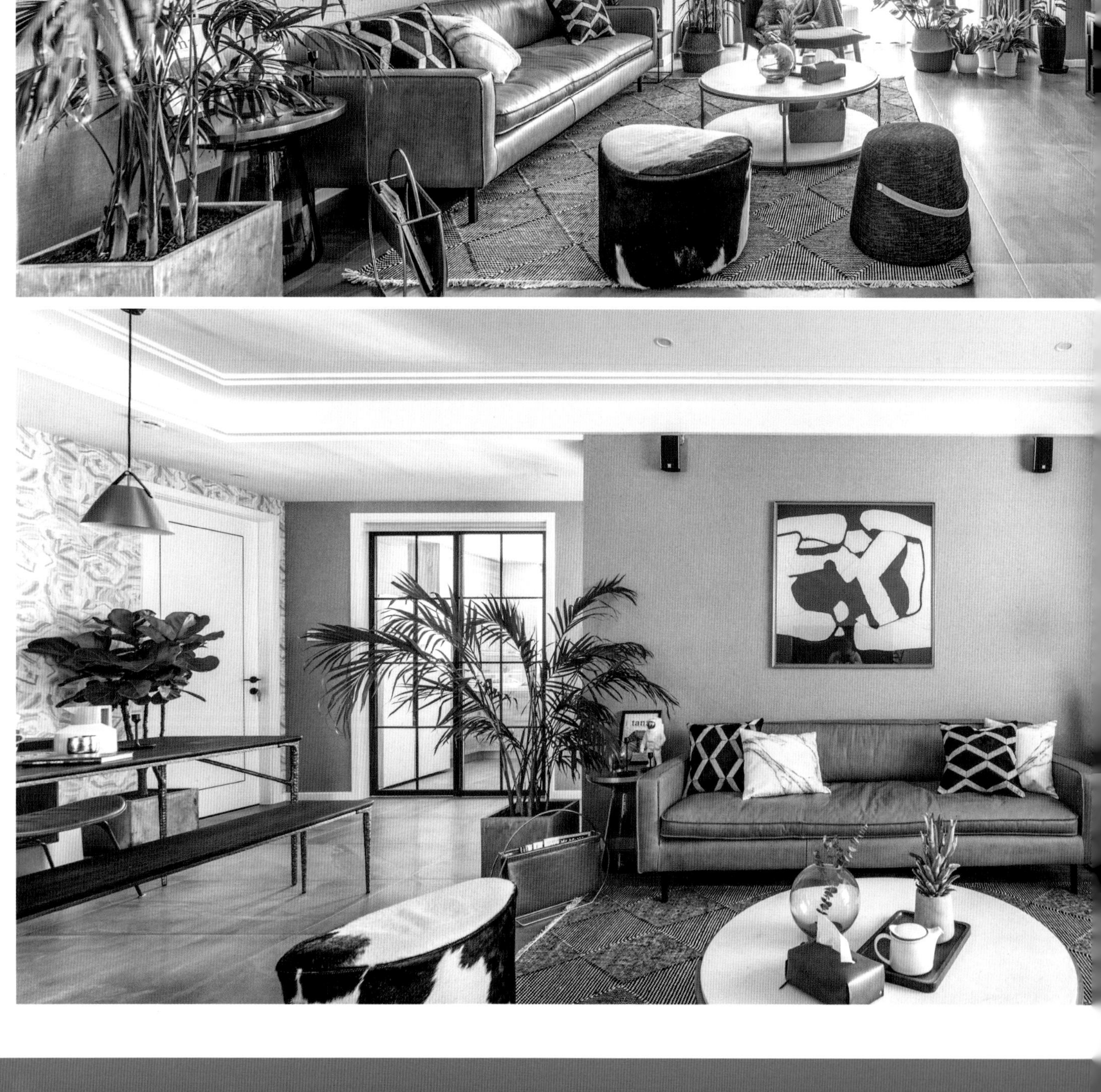

圈

微风中的绿植／是你眼里的光／光中的瓶瓶罐罐

是镜头下的影／还有一个圈／圈住了我们

空间以黑白灰为主色调，多用下吊式挂灯，少用或不用主灯，注重北欧风线条流畅的同时，营造出更有意境的氛围。主打北欧的简约，用现代感与复古感相结合的摆件、饰品引出一点点的复古韵味，又在局部的地方呈现出质感和一些沉淀的气息，一步一景，让生活其中的人享有极有品质的生活情调。

整体的黑白灰色调中，设计师加入绿植和咖色沙发来凸显活力。个性化定制的挂画和孤品电视柜独一无二，配合造型新颖的书籍收纳袋，空间的文艺感蓬勃生发。餐厅的金属质感桌脚、超质感桌面，低调的墙纸，细致融合，构成步步是景的愉悦观感。

讲究艺术而有范的书房，其中的装扮是男主人最爱的。卧室里红色信箱式的床头柜、黑色极简的床架、宇宙空间超科幻的墙纸，每一个角度都精心设计，让休息空间怡人，亦能使人真正放松下来。

Marshall

tanz
未来简史
MAGNUM
TROPICANA

Solar System Planet
Jupiter
Saturn
Neptune

ENDOW LIFE WITH AN AMOROUS FEELING

赋予生活一抹风情

项目名称 I 西溪风情澄品

设计公司 I Mr来设计工作室

设 计 师 I 来波

项目地点 I 浙江杭州

项目面积 I 90 ㎡

主要材料 I 瓷砖、科定板、大理石、乳胶漆等

摄 影 师 I 林峰

设／计／理／念

本案中，设计师在原始结构的基础上进行改造，使得客、餐厅以及厨房更为通透明亮，在满足业主基本生活需求的同时，增加储藏空间。在家装方面，设计师以业主的审美爱好为出发点，提升空间视觉美感，开阔视野，并打造出舒适的生活动线。

玄关处原为暗卫，空间较小，设计师改造后增设了鞋柜，满足一对年轻的业主对进门最基本的需求，且额外在此增加了储物间。客厅的吊顶既方便于安装中央空调，又在空间中适当加入木质元素。顾及宠物狗，设计师在全屋中选用灰木色瓷砖，而吊顶上设置点光源照明，效果均匀，弱化吊顶对舒适性体验的影响，空间更加清爽，小清新的家居环境加之木质也更温馨。

常规落地窗帘会比较占用空间，而且客厅对遮光性和私密性要求不是很高，此外为宠物狗的卫生考虑，设计师采用了相对不占用空间且易于打理的百叶窗。天气晴好，阳光透过百叶窗洒进来，照在色彩不一的墙面上，照在和墙面色彩呼应的家具软装上，突显空间的层次感，仿佛大自然就时时刻刻伴在身边，瞬间带给空间、带给居者触手可及的鲜活幸福，令人心情舒畅。

在设计过程中，设计师对门也花了心思。通往次卧的门设计成白色平板门，表现空间亦或是北欧风的洁净特点；正对进门处的卫生间不易调整，设计师决定让门更加有趣或让门不像门，因而门的吊轨采用不锈钢拉丝，一方面使其与所有房门的拉手保持一致，另一方面配合灰色水泥砖墙面，风格上而言更加活泼。

厨房呈开放式，在小户型的空间里极大地提升空间感，弱化格局上带来的局限性。

业主平时忙于工作，不经常做饭，但非常热爱火锅，于是设计师根据其需求设置了吧台，并设内嵌的电磁炉。

餐厅空间较为局促，且吧台功能的需要会占用部分餐厅空间，因此设计师充分利用空间，设卡座，没有做餐边柜，运用在厨房和餐厅之间的吧台强化收纳功能与实用性。快节奏的工作之后，归于家中，在低饱和度的色彩间或是穿梭，或是坐下小憩，无疑都是对自己的一份犒赏。

I never read,
I just look
at pictures.
Andy Warhol
Moderna Museet,
Stockholm Sweden
10/2–17/3 1968

KINFOLK 家居

I never read,
Ijust look
at pictures.
Andy Warhol
Moderna Museet,
Stockholm Sweden
10/2-17/3 1968
KINFOLK

SKORPOR
KARDEMUMMA

寄

方圆天地／家中屋内
一横一竖／一木一金属
家是浩渺中的寄托
灯在背景墙上慢慢摇
风在人耳旁轻声语

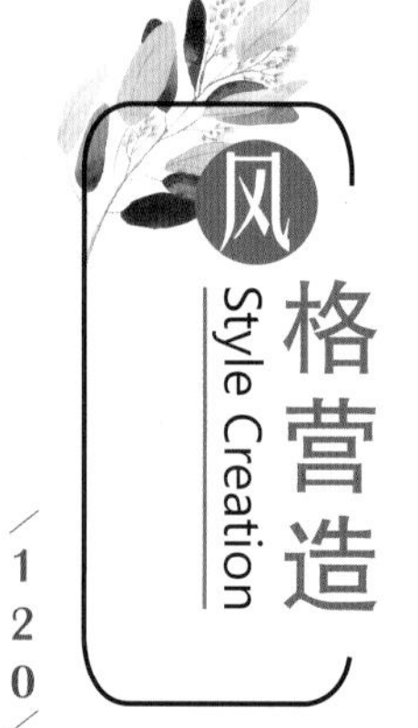

风格营造 Style Creation

在空间中，设计师通过低饱和的蓝色、绿色互相搭配、重复呼应，选用尽量保持材质原始质感的铁艺、木质家具，以及对良好的采光效果的重视，打造出简洁、现代、自然的氛围。同时注重收纳与日常使用率等实用性能，去除多余的缀饰，讲究低调、自然和理性。

主卧窗帘和床品颜色互为搭配，飘窗为环境添加亮点，在此或沐浴阳光，或品一册书，皆是享受舒适的好选择。床的一边设梳妆台，并设台灯，便于梳妆打扮；另一边设吊灯，令空间趋于平衡。设计师对卫生间空间进行调整后，在梳妆台右边设收纳空间，可储物，亦可放置图书，随手取阅。

儿童房巧用原始结构的柱子，通过色彩层次的处理，令白色墙面高于蓝色墙面，优化空间构造，丰富空间的层次，优化空间的视觉观感。

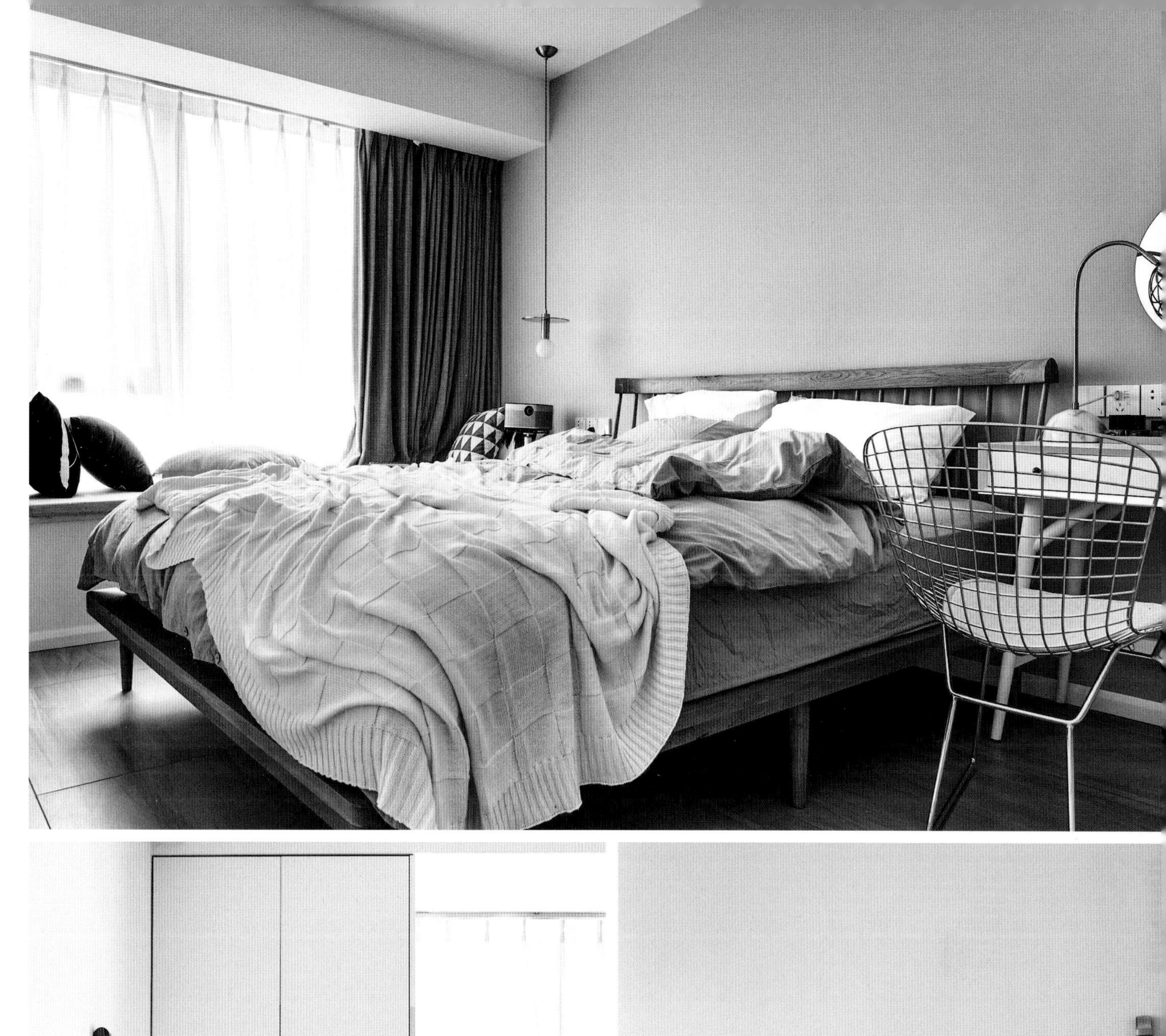

THE GIFT FROM THE SKY AND THE OCEAN

采撷于天空和大海的馈赠

项目名称 | 薇蓝

设计公司 | 清羽设计

项目地点 | 四川成都

项目面积 | 110 ㎡

主要材料 | 布艺、木板、油漆、瓷砖等

摄 影 师 | 季光

设／计／理／念

整个家居环境使用了大面积的蒂凡尼蓝，打造出令人心旷神怡的居家氛围。为了使墙面的蒂凡尼蓝得到最大程度延伸，吊顶与墙面刷上了同色乳胶漆。墙面使用了护墙板做分色处理，蓝、白分明，更显清新，而充满趣味的饰品摆件为这个家更添轻松氛围。客厅挂画与沙发抱枕色彩呼应，更显围合感。

客厅旁的阳台设计了可以收纳的储藏柜，增加了客厅的收纳空间。餐厅与生活阳台相邻，大面积的推拉门使得餐厅采光格外好。精心摆放的饰品、插画使得餐桌朝气蓬勃。准备好一桌家常菜，一家几口围坐桌边，美味有之，谈笑有之，构成一幅动人的家庭进餐图。

餐桌旁做了到顶的餐边柜，满足了餐厅的收纳需求。厨房选择灰色系橱柜，既耐脏，又美观。地面的六角砖混拼搭配墙面爵士白工字拼，简洁而又富有变化。

主卧简约而明亮，和客厅同色系的薄纱蓝将卧室衬托得更加清爽。空间里搭配的挂画和墙面的色彩选择同色系，浅灰系的床品温暖而柔软。卫生间使用了浴帘，跳脱而出的植物图案有一种夏天的味道，给小小的浴室带来一抹生机。儿童房布置更富弹性，仙人掌、虎尾兰的挂画以及拟人化的云朵图案枕头都极富童趣，其他家具则求少不求多，方便未来几年随着孩子长大而不断更换家具和用品。

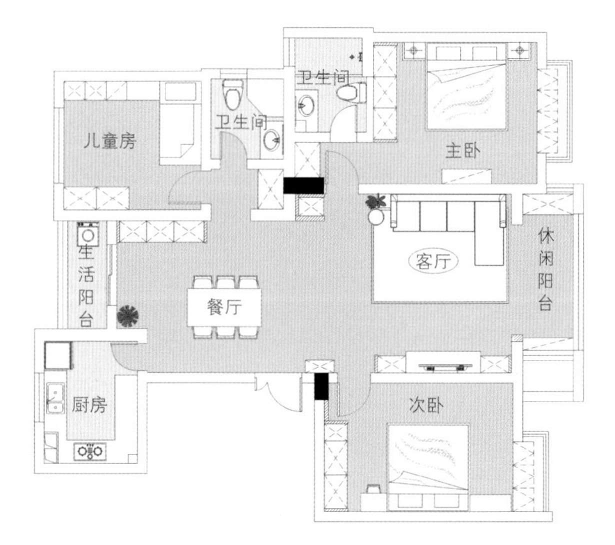

风格营造 Style Creation

设计师用纯熟的手法大胆留白，仿佛肆意实则老道的色彩掌控，着重打造出平衡、清新、自然的空间视觉感和体验感，表现一种稍微有距离感的北欧风。而后在墙面上排列以菱形为框的绿植，强化墙面的立体感，并用暖调木色设计餐厅，给空间注入一些暖意情怀。

食色

白代表一种心情/是青春的明媚
蓝是一首诗歌/来自天空和大海
她们是一个个美丽的梦/教人一口一口吞掉忧愁

REALLY REALLY LIKE YOU

真的真的喜欢你

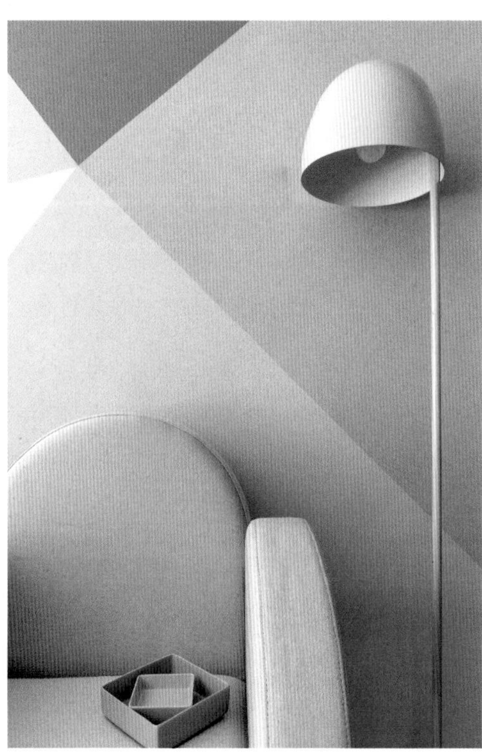

项目名称 | 蓝光东方天地

设计公司 | 壹阁设计

设 计 师 | Denny Ho

项目地点 | 四川成都

项目面积 | 78 ㎡

主要材料 | 乳胶漆、瓷砖、KD板等

摄 影 师 | 季光

Smile
Today

设／计／理／念

周国平曾说，“人生最好的境界是丰富的安静”，“也许，每个人在生命中的某个阶段都是需要热闹的。那时候，饱满的生命需要向外奔突，去为自己寻找一条河道，确定一个流向”。比如生活，在某个阶段，我们需要迎着新的风气，随着新的风尚，去创造新的生活。又如这套房子，是设计师团队爱的结晶，宛如工作室所有人花心思料理的一道甜点，引出人们对宁静、唯美、浪漫的想象，带给人极好的感受。

整个空间覆盖着属于青春与阳光的粉嫩色调，好像光滑润泽又紧绷的肌肤，其中的色彩诱惑让人浮想联翩，无法抵抗，似乎时刻都会沉溺于这甜粉的环境中。如果轻咬一下，定会觉得内里松软，像极了初恋那甜丝丝的唇。而各种各式的粉橘、粉蓝，皆是她独爱的颜色。

向往

时间凝固在墙上／记忆依然那么鲜亮
家是神秘梦幻的国度
带领我们追求最向往的生活

风格营造 Style Creation

不像不食烟火的性冷淡风，北欧风更多的是洋溢着生活的气息，处处是现实的缩影，在理性与冷静中亲近自我与自然。在这个空间里，目之所及的马卡龙色、沙发背景墙的不规则图案、或浅或浓的原木色，以及“小细腿”家具、牛皮纸、草编等元素，表现现代、简约的同时，营造出信手拈来便是北欧风味的精妙效果。

客厅和餐厅的墙面看似是淡雅、简单的色彩与结构，实际上却能在不经意间，用当中新颖大方的串联和衔接，触动我们的灵魂。白天，泡一杯热咖啡，备上小点心，打开电脑，在带点流苏的地毯上，可以坐上大半天。夜幕降临，点亮粉色的落地灯，靠在灰色沙发上，捧一本喜欢的书，翻几页打动心灵的图或文字，蓦地就有了一种理想生活的氛围和韵致。

开放式的厨房、餐厅，展现的不仅是小户型空间的格局优化特色，更是对生活沟通与交流的一种实现和高度的融入，也不仅是一种对生活品质的追求，更是一种发自内心的情怀。

卧室里，浅粉色的床品加上柔木色的床、巧克力色的地板，本身就如一道甜点，非常具有浪漫气氛。依墙而设计的小台面，划分出绿植的区域，也能随手放些小物件，乍看平淡无奇，再看却变成了一份惊喜。整个家给人的感觉就是，拾起美好回忆的碎片，连成线，叠成面，简化生活中的烦扰和压力，蕴藏着绝妙的幸福。

ENCOUNTER THE PINK MEMORIES

邂逅粉红色的回忆

项目名称 | 申花郡

项目地点 | 浙江杭州

设计公司 | 杭州陌上设计事务所

项目面积 | 89 ㎡

设／计／理／念

本案打造出一个本身充盈少女心甚至少女心爆棚，也激发居者、观者的少女心，带领人们联想美好、触碰美好的粉系小家园。

在客厅中，设计师对沙发和单椅的选择既不是偏向高贵奢雅，也不纯粹追求低矮化，而是更强调舒适性。在色彩上，空间浑然一体，抱枕与沙发、单椅颜色相近，合乎客厅尺寸的一方地毯也与其他色彩形成互动。一幅挂画选择性地放置于墙角，对比电视背景墙，产生空间变化多样且有活力的效果。墙上饰品不但具有美化作用，还有充当镜子的实际功用。枝状分子形吊灯仿佛亭亭玉立，令客厅成为一块低调而不失质感的统一的天地。

餐厅的卡座合理地结合硬装特点，也是一种加强空间收纳功能的做法。兼具收纳与展示功能的拱形装饰，呈现复古又现代的美感。晚餐时，上有烛台传送光芒，侧有简约大方的百叶窗，周身是精致的配饰，愉悦的心境油然而生，视线相对，不由地便笑了。

柔

阳光与金色的光晕／交织在清风吹过的每个瞬间
仿佛照入现实的一道光／弥合了世界与内心的缝隙
成就更加丰盛的自己

用色看似简单，实则颇费心思，粉红色、大面积的白色、稍显神秘与尊贵的紫色，以及跳跃的零星饰品的黄铜色，浅色和纯色近乎完美融合，设计师运用简单的相近色配色，打造出精致的空间氛围，给空间带来视觉上不同的层次感，赠予空间蓬勃的生命力。

拱形造型在主卧同样巧妙，内置的结构多了一份细腻、委婉的用心。原木色、偏暖调的黄色系，“小细腿”的床头柜，左右平衡的吊灯，创意的主灯，红黄点缀的梳妆椅，共同营造出居室里的温暖与从容。主卫与次卧沿用一贯的粉、白调，或静或动，都倾注着设计师以及居者对家的善意关切。

THE APPOINTED IVORY COAST

约定好的象牙海岸

设计公司 | 清羽设计

项目地点 | 四川成都

项目面积 | 120 ㎡

主要材料 | 瓷砖、木板、布艺、涂料等

摄 影 师 | 季光

设／计／理／念

本案是一套二手学区房，业主希望孩子有一个比较好的在校学习环境，给孩子创造一个比较好的未来，于是从现代化的社区搬进这套老房子，同时希望生活品质不因老房子而降低。

设计师顺势而为，敞开餐厅与客厅，动线养眼而得当。软装上，选用具有北欧风特性的家具，如吊灯、几何图形装饰挂画、双层咖啡桌、天鹅绒扶手椅以及草编的盆栽篮，铁艺、木质、编织元素有序铺设，处处散发出北欧的情调。琴叶榕、散尾葵等绿植装点各处转角，走廊尽头的绿植与金属盆更互为衬托，给人一种所到之处、回眸所在皆是一片生机的盎然之趣。

主卧中，床头壁灯与吊灯互为映衬，天鹅绒相框与实木柜、浮雕花朵图案装饰盒彼此依托，线条简练。此外，挂画与床品在色素上保持一体，重视睡眠空间的氛围营造。儿童房同样顺着原始结构布置，另设原木色的上下铺，放置仙人掌，素雅中多一抹孩子的天真、童心韵味。

书房、厨房、卫生间与整体空间气质一致，不同的是书房采用榻榻米设计，厨房地砖用不同的花纹进行拼贴，配色上是不同于其他空间的大胆亮点，而卫生间加入亮色。不管以何种方式，都是设计师与业主用心打造的家，有希冀与爱，温暖、柔软、平和。

一起去旅行

文化砖诉说着故事／草编篮陪伴着绿植个性灯散发着它的光／我想带你去旅行／去看粉蓝的画中景

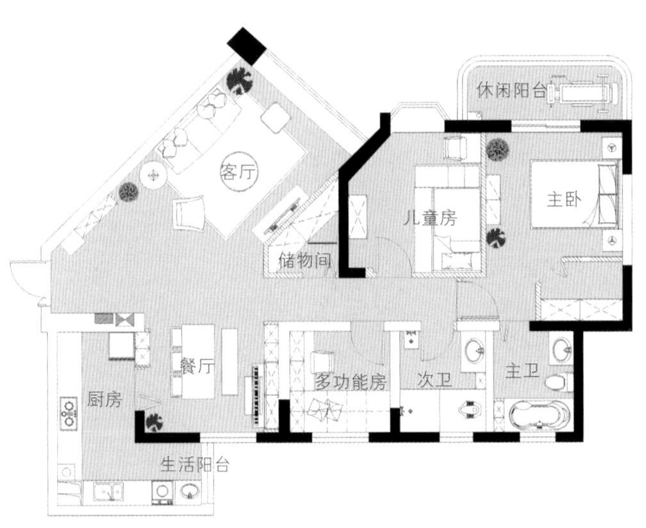

风格营造 Style Creation

这是一套以白色调为主的北欧风案例，墙、顶面都尽量保留为干净的白色，顶面增加了一些复杂精美的石膏花线装饰，营造出清透、自然的北欧风情。在墙、顶面都极为简约的烘托下，通过马卡龙色系的软装配饰，让整体风格更加完整，清新而明净。

THE COLLISION COLORS · FALL IN LOVE AT FIRST SIGHT

撞色·一见倾心

项目名称 | 万达中心名宅

项目地点 | 安徽合肥

项目面积 | 90 ㎡

主要材料 | 木地板、布艺、油漆、艺术玻璃、挂画等

摄 影 师 | 邓鑫

设／计／理／念

色彩是这个空间最突出的特色，也是它最具魅力的气质。水粉色和深浅层次不同的绿色是空间最突出的色调。从客厅到餐厅，这两种色彩和谐统一地描绘出客厅的清新和餐厅的文艺，大面积的电动投影屏幕取代电视，给家庭更舒适的观影体验。

除去令人欣喜的色彩装饰，空间多处的绿植鲜花也让人眼前一亮。客厅整体摆放的绿萝具有清新空气和吸收甲醛的作用，是新房植物装饰的不二之选。一旁的木架上仙人掌和多肉植物，憨态可掬。餐桌上粉色玫瑰，在方格餐桌布的衬托下，愈加显得浪漫清新，如初恋时的甜蜜滋味。

在家具的选择上，不只是需要与墙面色彩搭配，还需要考虑到家具带给家人的体验感，于是设计师挑选了粉色软皮沙发，柔软感恰到好处，同时又方便清洁。简约的木质餐桌加上方格桌布，文艺又别致，粉色的餐椅与空间主题色相呼应。

这样文艺充满色彩艺术的家，布艺家纺的选择格外重要。卧室床品统一选择针织棉材质，柔和亲肤，给居住者最舒适沉醉的睡眠体验。

风格营造

Style Creation

北欧风格兴起于北欧五国，那里纬度偏高，一年中有半年都是寒冷天气，因此孕育了清新自然的风格，且多以白色为主，加入铁艺、原木材料和有机植物。中国学习北欧风不在于学其表面，而是取其精髓。由于气候的差别，中国的北欧风适当加入多元色彩，就如同本案，保留了北欧风格的清新舒适，也有自身色彩艺术所散发的魅力。

色艺

斑斓的花色／柔柔的光
你在那里／让我心驰神往
你在这里／调剂我的心情
这一眼／都是我对美的期待

WILL
YOU
BE
M NE

WILL
YOU
BE
M NE

卧室以甜美粉嫩的色彩打造最舒适阳光的休息空间。主卧以马卡龙绿色墙面撞色黄色、灰色的窗帘，并以灰色的棉麻床铺加以均衡，床头两幅挂画充满张力，可爱的猫咪抱枕是爱猫主人的心头爱，让这个家更具温馨色彩。

次卧的撞色更加明显，几何形的蓝色和浅粉色让空间更显年轻，简约形的铁艺床架搭配棉质的浅薄荷绿床品，木质地板和造型别致的浅绿色落地灯，一个温馨又文艺的卧房应运而生，散发着甜美的清新感。

LISTENING TO THE SOUND OF WAVES COMFORTABLY AND LEISURELY

临海听涛，自在悠然

项目名称 I Casa Marinera

项目地点 I 西班牙马拉加

摄 影 师 I Espacios y Luz

主要材料 I 木制家具、棉麻布艺、瓷砖、金属、皮革沙发、绿植等

设／计／理／念

家是每个人栖息的港湾，也是我们最放松自在的地方。以大海为设计元素，打造一种自由自在、海纳百川的意境。

这是一处海景度假住宅，透过大大的落地窗，可以欣赏到一望无际的大海景色。如偶有一两艘小船穿梭而过，脑海里便可浮现出莫奈的印象主义派。因此在设计本案时尽量以舒适清新为主，避免都市的嘈杂、纷扰，远离繁忙与喧嚣，拾一处悠然自得居所。当光洒入厅堂，将引自然入室，斑驳的光影可以随时间的变化自在游走，直抵人心。

原木质感的家具更多地给人们带来质朴、自然的感觉，藤制单椅漆上亮丽的蓝，时尚少女心。寓繁于简的布局，慵懒休闲的感觉，让精神世界得到满足。各式各样的绿植和花卉，不仅能净化空气，更能给居室带来生机盎然的感觉。散落在各处的小物件，是屋主的收集，带着时光的印记。放眼望去，门厅的摆设和户外的风景交相辉映，房子不再是一个冷冰冰的房子了，它是有生命力的你的专属花园。在某个舒适的下午，约上几个聊得来的好友，摆上精致的果品点心，在此共饮下午茶，将是极美的休闲时光。

风格营造

Style Creation

面朝大海，天然的地理环境优势，为室内风格营造提供良好的色彩选择，很好地与室外景色形成呼应。纯净的白和天然的蓝，是大自然赋予人类的美，也是北欧人最喜爱的色系，细腻地运用到家居中，产生了奇妙的色彩美学。

自由主义派的性格，往往喜欢运用大量棉麻、原木材质和接近自然的色系来布置，很简单，却舒适到恰如其分。用麻绳或者藤条编织出好看的家具，如灯具、椅凳和地毯，再配上一些精致的风味小物，空间气质灵动雅致。

闲适爱情

我们都有一个梦／关于爱情／或浓或淡／或芬芳

心的某个角落／有着属于自己的小美好

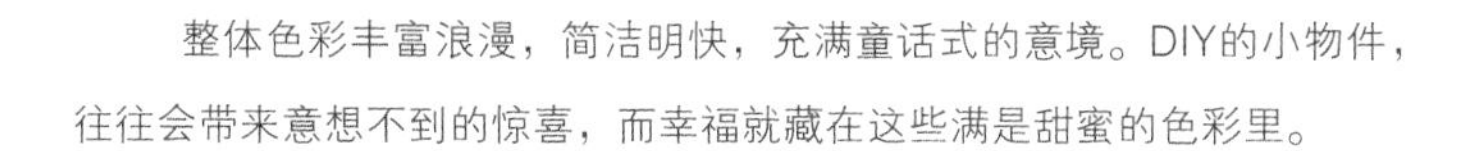

整体色彩丰富浪漫，简洁明快，充满童话式的意境。DIY的小物件，往往会带来意想不到的惊喜，而幸福就藏在这些满是甜蜜的色彩里。

CASA
Nº46

日光下／大海深情地诉说
迎着清风／这花儿笑了
叶儿也绿了／树影婆娑
汇成千丝万缕的依恋

漫

充满北欧风情的阳台设计，与房间整体风格相统一。蓝天白云的自然气息，搭配度假风味的家具可以提升舒适度和幸福感，在阳光洒落的午后，喝茶看书，悠哉地度过一个下午，非常享受。

A WHITE HOUSE, A GROWING HOME

一所白色房子，一个生长的家

设计公司 | RIGI睿集设计

主设计师 | 刘恺

设 计 师 | 杨骏一

项目地点 | 上海

项目面积 | 240 ㎡

主要材料 | 金属板、烤漆、毛毡、艺术涂料、冲孔板等

摄 影 师 | 田方方

设／计／理／念

这并不是一栋拔地而起的新建筑，它建成于1947年，位于一个自然状态下形成的街区。上海有很多类似的老房，这些房子承载了上海的记忆。

老房为南北朝向，虽然前后都有入口，但内部的复杂间隔导致室内采光效果差，设计师为这栋老建筑加固了“筋骨”，重新塑造了整栋楼的空间逻辑和形态。阳光分外重要，重新设计的楼梯围绕自然光天井自一楼起循序向上，让整个家都围绕着垂直的天光延展。

一楼的设计中拓展了半开放的区域，模糊了室内外的界限。改造后的空间有了新的对话关系，半户外的阳光空间，为客厅空间增加了足够温暖的气息。设计师在院子中预留了一个树洞，春天的时候种上一棵树，让它陪这个家和孩子一同成长。

阳光房、客厅、餐厅与厨房在一楼的设计中构成一个完整空间，这是一家人在一起频率最高的地方，不管是男女主人、老人还是孩子，这个空间都是属于生活的，不局限于空间功能的定义。

设计师做了一整面模块化的家具墙面，称它为“Life board”。这面墙有可以随意装配组合的配件，随着主人生活不断地变化，每天都呈现出不一样的设计形态。

WKO
RPGSDH

ABCDEF
12345

BEIJING

LONDON

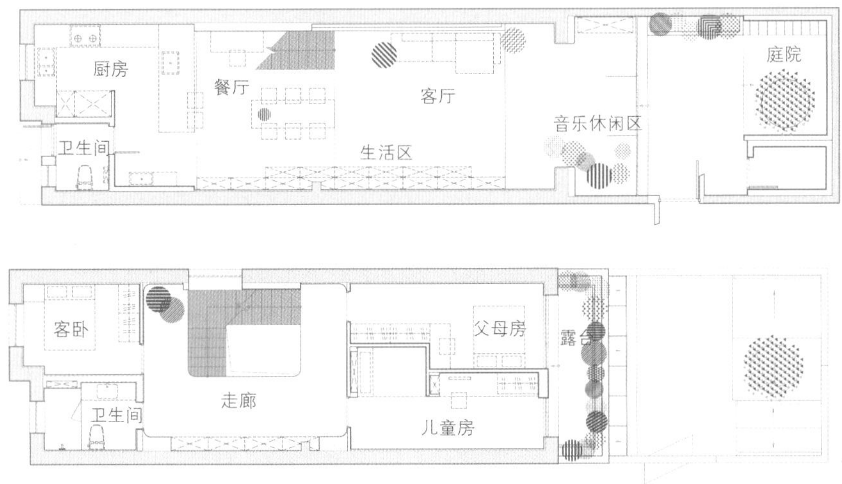

二楼设计中将门和储藏空间隐藏在墙面中，创造了一个干净且完整的区域，在阳光充足的时候，这是一个温暖的属于家的空间。

设计师将小朋友的床、书桌以及仓储连接在一起，孩子在楼梯处爬上爬下，在院子里不停地玩耍，可以看得出他很喜欢这样的设计。这也是设计的一个初衷——给这个孩子一个更大的世界，让他站在另一个维度去理解这个不停变化的世界。

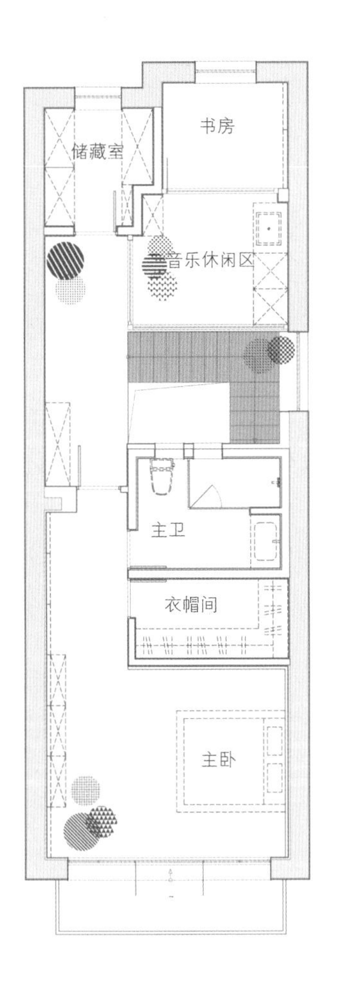

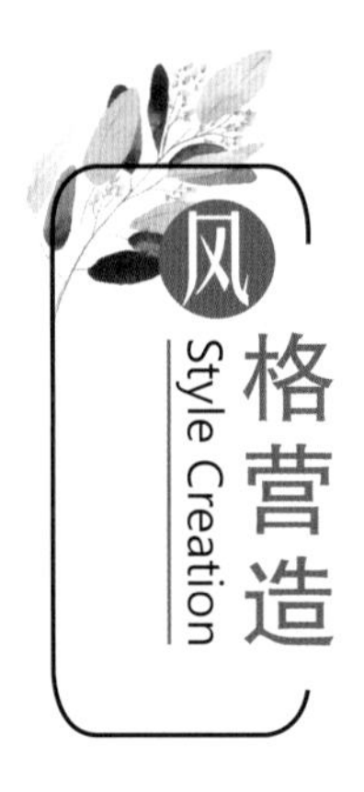

风格营造 Style Creation

这就是我们生活的意义，要更好。这不只设计了一所房子，我们给一个家更多生活可能，一个温暖的存在。对房子的注解，不是家的全部，确是一览无余的生活。

绿色永远是最好的东西，自然光是最好的装饰。打开局部屋顶后创造了很大面积室内的天窗，为室内中段空间引进大面积自然光。一个完整的家，点、线、面的力量，半开放的区域，模糊了室内外的界限，创造了新的空间对话。

成长

每一天／生活在这里发生
用设计整理生活／一个安静且温暖的空间
在这里的每一天／都有成长的痕迹

整个建筑设计的源发点就是从阳光和垂直空间开始。主卧保留了原始建筑的坡顶结构，将衣帽间和卫生间统一在一个盒子之中，最大限度地保留了原始建筑的形态，并在原本的空间中创造新的关系。

房子并不代表家，家永远是属于自己的家人的地方。家承载了我们每一天的生活，这应该是一个容器，承载着我们的成长、经历和希望。而设计，应该是给生活更多的包容。

THE SPRING GARDEN

春天花园

设计公司 | 上海目心设计

设计团队 | 张雷、孙浩晨、欧阳波勇、王杰

项目地点 | 上海

项目面积 | 49 ㎡

主要材料 | 木地板、地毯、木饰面、玻璃门、绿植等

摄 影 师 | 张大齐

住宅的改造设计重在符合居者的生活习惯以及审美需求，它可以不讲求清晰的风格特点，也可以没有严格的设计章法，却唯独要懂得居者的习性。如何让居者有一种虽然素未谋面，却熟悉与亲近的感觉？这是一种挑战。设计师力求让住宅适合居者，而不是要求人去适应新的环境。

设／计／理／念

居住者是一位爱好艺术与自然的女性，然而在城市化进程加速的当下，新开发的城市空间失去了与自然的联系。设计的挑战是在充满钢筋混凝土的居住机器内创造能与自然、与艺术产生对话的美妙空间。

为了最大化地利用空间，设计师将客厅与卧室之间的墙体用柜子代替，并将局部阳台空间与主卧相连接。为了削减私密空间的局促感，设计师一改传统的方形主卧空间，使整个空间呈现出L型结构，同时靠窗区域充分利用向阳优势，创造出更为自由与放松的读书、瑜伽等多功能空间，而植物的引入，使空间更具节奏与韵律。

设计师将仅有的阳台空间作为连接室外的自然区域，并将自然的气息引入室内，同时通过滑动玻璃门分隔室内外空间。充分利用自然通风设备及植物本身改善微气候，客厅、餐厅、卧室相互连通，使人的视线可以穿过花园。而在室内其他区域，也会根据业主的爱好布置小型盆栽，一方面为生活增添气息，另一方面也将自然的元素在室内联动起来，结合各区域的艺术品展示，使人感受到无处不在的自然和艺术美。

设计师将两个主题互相渗透：艺术品展示和与自然和谐共处的住宅。设计师在挑选家具、灯具及装饰品时将艺术和自然空间结合起来。客厅空间适应了业主收藏品的展示需求，自然光的设计更加柔和，以此保护了画作免于直射光的损害。

高层室内花园不仅给高密度城市空间带来全新的解决方案，同时带人回归了原始的生活。此住宅不仅达到功能性和美学的要求，还将人与自然联系起来。在原有的结构上进行布局和保留，体现了设计师寻找室内与室外，新与旧之间新关系的尝试。

安放

你说我们素昧平生
我说我们早已相知相惜
如果你还记得/就请放下沉重的包袱
点一盏夜灯/翻开积尘的书页
听/里面传出一室平静

THE TASTE OF HAPPINESS OF COLA

可乐的幸福滋味

项目名称 | 仁和春天国际花园

设计公司 | 吾隅家居设务所

设 计 师 | 荣烨

项目地点 | 四川成都

项目面积 | 135 ㎡

主要材料 | 橡木饰面板、爵士白大理石、黑框玻璃等

摄 影 师 | 荣烨

设／计／理／念

设计师利用1/3的阳台面积，改造为独立玄关，同时不设固定卡坐，用具有灵活性的成品打造轻松的回家场景。鞋柜采用顶天立地的做法，中间部分做成了壁龛，方便陈列摆件与收纳临时物品，同时拓展视线，化解大柜子带来的沉闷。

折叠黑框玻璃门解决开放式厨房的油烟问题，白砖拉槽的墙砖能节约预算，而宜家橱柜兼具颜值和性价比。餐厅的String架子视觉性与实用性比肩，两个柜台满足女业主希望有独立冲咖啡的操作台的愿望，也有益于餐厅的临时收纳。

风格营造 Style Creation

在空间中，设计师按一定的比例，植入房主的喜好色，以绿色色相为主调，插入男业主喜爱的暮色蓝和女业主喜欢的樱草粉。粉、灰、蓝，丰富的色彩仿佛可乐从刺激到微甜的味觉次序，呈现出戏剧般的视觉效果。格局上，采用全开放规划，客厅、餐厅、厨房完全开放，增强宽广感与互动性，绿植的植入则更展示空间的闲适之美。

走廊上，飘窗的边框用平板线压了四边，有造型方面的作用，更有衔接木作和乳胶漆的收口条作用。木饰面护墙上的圆镜延伸视线和装饰，也映照着正对面的吧台窗，在视觉感受上“造”出一个圆形窗洞，使飘窗不显得孤单、突兀，让立面平衡起来。由于客卧开门方向靠近卫生间，于是设计师将客卧门移至客厅一端，并做了线条分割装饰，用隐形门化解门位尴尬，使墙面更加整体。

电视背景墙由乳胶漆、木作隔板、爵士白石材组合而成，化解墙体缺陷，又丰富了视觉体验。为配合色彩关系和空间氛围，设计师搭配了莫迪利亚尼的女人画像，在龟背竹的映衬下显得相得益彰。

大阳台同样选择了折叠式的玻璃门，保证横厅良好的采光和视野，弱化室内外的界定，增强室内外的交互性。吧台位于阳台一侧，充分考虑采光与动线的流畅。阳光、绿植、午后的咖啡，一切都是值得回味的。讨喜的Flensted的平衡装置在吧台视线正对的阳台上方，微风起的时候，燕子就欢快地舞动起来，仿佛日子也变得悠然。你在吧台发呆，或许还喝着你爱的可乐，我坐在阳台摇椅，绿植映衬左右，各做各的事情，不用说太多的话，一切都刚刚好。

卧室重在营造氛围，主卧既放松又独具品质，次卧为老人准备，总体趋于舒适、沉稳。暖粉色、拉丝金的腰线、定制的U形扣条，卫生间的小空间变得一体、可爱、精致。主卫的洗脸台是妆台和面盆的组合，洁面与梳妆的动线合二为一，提高效率。

倔强

烟灰墙／松绿床／金色线
你有你的／我有我的／倔强
而在一起／是一片风光

PROMISE THE ROMANCE YOU EXPECT

许你期待的浪漫

项目名称 I JOVOINE VILLA

设计公司 I 法纳兴室内设计事务所（NOTHING STUDIO）

主案设计 I 侯胤杰 Nathan

参与设计 I 钱玉勇

项目地点 I 上海

项目面积 I 240 ㎡

主要材料 I 地板、涂料、天然大理石、定制线条等

设／计／理／念

这套位于上海郊区的老别墅改造，从爱好到信仰，从时尚到审美，这里打造的不仅是一座住宅，更是一种生活方式的重新诠释。

女主人喜欢干净利落的线条，于是勾勒建筑外观的是清爽的直线条；喜欢宽敞开阔的会客空间，于是客厅成了开放式空间；还喜欢晴天时阳光充盈着整个房间，于是房间有了落地窗。设计师的魔力在于能小心安置业主对家的想象。

居室里洋溢着是居者迷恋的浪漫情怀，白色洁净的空间里有缤纷的色彩，在这美妙的配色中处处洋溢着馥郁而温暖的女性气息，而柔软的轻纱、温暖的皮毛是居者轻奢而内涵的品位。

一楼是会客厅，这里隔断的墙体被打开，展现出来的是通透的空间布局。窗户与折叠门没有遮掩外界的景色，只要你转身，看见的一花一木都是不一样的景致。在一个澄澈的傍晚，走到窗前你可以看见夕阳的轮廓，这里带不走的美，有自然的力量。

就服装设计师而言，更衣室是尤为重要的。此处的设计中，半隔断的墙和透明的壁炉相互结合，隔而不断的空间里透着灵动气息。特别是那一面定制的三面镜，从不同的角度反射给空间不同的光感，给优雅的空间增添了饶有趣味的一个角落。

餐厅空间是多功能的，可以是会议室，还可以是简餐聚会的场所。门框上的雕花是精致生活的体现，黑色铁艺拱门上漫延的线条在不经意间透露着优雅。打开门，映入眼帘的是一个精致空间，厨房简洁的西式设计充满异国情调，直线条装饰的墙壁，与亦古亦今的餐椅组合，展现着中西碰撞出的精彩。

楼梯是承上启下的载体，如同一位优雅的舞者提裙旋转，再旋转，娓娓而上，一种浪漫风情扑面而来。为了更好地采光和满足层高需求，房间顶部的空间被打开，视线豁然开朗，带来不羁的Loft感。这里有居者的工作间，走向通往室外的小阳台，微风拂过你的身体，拂起轻纱，从室外的阳台轻轻拂到室内，那种清新唯美的感觉，深深印在脑海里，挥之不去。

曼妙

舞步婀娜款摆／姿态柔美缠绵

转身回眸的瞬间／爱不是若即若离

风格营造 Style Creation

这套老别墅的改造历经了近一年的时间。从建筑的外立面改造、室内格局的规划再到花园的设计，设计师精细计算着每一个角落所呈现的方式，以期待呈现出它最好的样子。

室内的家具、饰品可以不独特，但必须是居者喜欢的，没有浮夸的造型，但必须是能让居者舒适的。设计师认为，设计的美感不能止步于某种风格或拘泥于某个流派，而是对美的追求，是把居者的生活方式带入到设计中。从生活方式的点滴出发，做立足于生活方式的设计。

JOVOINE

YOU ARE MY LITTLE DOSES OF HAPPINESS

你，就是我的小确幸

项目名称 | 华润国际

设计公司 | 鹏宇装饰有限公司

设 计 师 | 陈倩

项目地点 | 江苏常州

项目面积 | 136 ㎡

主要材料 | 木饰面、瓷砖、木地板、墙布、定制柜等

摄 影 师 | 子凯

设／计／理／念

追求返璞归真和自然舒适，想要为业主打造一种纯净的生活美学。没有繁琐累赘的线条，也不需要璀璨奢华的元素。就这样，干净利落地讲述一个关于家的故事。

简洁明快的主调，原本的门厅是个相对幽闭的空间，将原有的门厅拆除，墙体后移打造端景鞋柜和吧台。原来的厨房不大，改造之后将开放式厨房和门厅结合在一起，分别增加了两个区域各自的空间，更加开阔。

电视背景墙右边留白、左面采用天然白橡木皮向过道延伸，摒弃传统对称背景墙设计，以块面的设计手法将自然元素引入居家空间，增加了空间的整体感。围坐式的沙发摆放，更有利于家人之间的心灵交流。把面对走道墙壁的实体墙改成两扇穿透性的玻璃移门，将光线引入室内，使过道更加宽阔明亮。同时狭长的走道变短，增大了卧室面积。

从餐桌的布置就可以看出一个人对待生活的态度，无论是桌旗的选择，亦或杯盘的组合，无不看出主人的用心，这就是生活的仪式感。同时定制的电器收纳柜用对比色突出空间色彩的层次感，拐角处利用柜体深度做了一个双面收纳的设计，将精致融入细节。

ME
YOU
THINK
BIG

风格营造 Style Creation

抛开繁复的设计，自然温暖的氛围，还原真我。北欧风并不仅仅等于性冷淡，它明明也可以很“好色”，抱枕和装饰画的点缀，搞怪的魔豆吊灯，都让整个空间灵动起来。而木质家具与浅色系墙壁，很好地还原了经典北欧风的搭配，让空间温暖迷人。

在书房设计中，设计师针对不同尺寸的书籍，帮业主规划不同高度的书柜。双人书桌让书房的机能变大，能够同时容纳夫妻两人共同使用。主卧室蓝灰调调和得恰到好处，再配上质朴的木质家具，将居室衬托得洁净空灵，清新宜人。次卧室则用移动置物柜和衣架梯代替传统床头柜，实用性更强，新颖而别具一格。

静
浮生不在／素语清香
天地间得一知味的人儿
窗前月／泡一壶好茶
慢下来／品味人生四季
淡泊宁静

ME IN YESTERDAY, WE IN TODAY

昨天的我，今天的我们

项目名称 | 济南龙湖名景台

设计公司 | 济南以志盛视室内设计有限公司

设 计 师 | 胡修伟

项目地点 | 山东济南

项目面积 | 135 ㎡

主要材料 | 地毯、木饰面、地毯、涂料等

摄 影 师 | 韩尚辰Simon

般配
生活本是按部就班／直到遇见你
我的世界浮现出了色彩／空间本无所谓情感
但有你在的地方／总是分外温暖

设／计／理／念

我热衷的事，是带着你来到属于我们的房子，用你喜欢的颜色把它装点成我们的家。用我喜欢的柠檬黄，用你喜欢的湖水蓝，这样的搭配我看就很好。在温馨可亲的大地色沙发上你依偎着我，我陪你看你爱看的肥皂剧。设计师为我们把电视墙做成了敞开式书柜的形式，书柜门关上便又是一个独立的阅读空间。

在这个家，我们看着孩子出生、成长，为他布置卧室。儿童房的衣柜里装着孩子小小的衣服，书桌上洋溢着我们对他的期望。我们要求不高，希望他能过好这一生。能成为家人实属缘分，我们会尽量给孩子一个他喜欢的童年。

风格营造 Style Creation

拆掉厨房餐厅隔墙，采用开放式厨房方案来解决厨房和餐厅空间较小的问题，橱柜从厨房延伸至餐厅加以高柜营造西厨空间，同时加大厨房操作空间。女业主想要浴缸、男业主想要草缸，设计师便将主卫空间重新划分，占用部分主卧室空间得以实现草缸和浴缸等需求。

将横跨客厅和儿童房的“大”阳台一分为二，儿童房阳台为生活阳台，给平时晾衣使用，客厅阳台为生活阳台，考虑洗衣晾衣的同时，还互不干扰，所以采用“隐形书架门”的手法来对两个阳台进行隐性分隔。

我们请设计师打开厨房与餐厅的格局，如此一来，在等候晚餐的时刻，我可以跟孩子在餐厅玩耍，时不时看看你在开放式厨房里贤惠的模样。

次卧设计了榻榻米，我想底下会收纳许多孩子的玩具。平时我在这里办公，你在这里看书，我们互不打扰，却是心照不宣。主卧是我们的共同期待，有我喜欢的简洁布局，还有你喜欢的“S”形大衣柜。下午你在那个飘窗上，阳光铺满你头发，看见我进来时你会抬头问我——“要不要喝杯茶？”有时候，下午的阳光正好，照得你皮肤通透。

房子虽然不大，但这里就是我的小宇宙，你们是我绕行的恒星。

PLAY A COPENHAGEN CONCERTO

奏响一首哥本哈根协奏曲

项目名称丨新城名苑A1户型

项目地点丨内蒙古呼和浩特

设计公司丨北京王凤波设计机构

项目面积丨120 ㎡

设 计 师丨王凤波

设／计／理／念

设计师的匠心与巧思，体现在样板间的每一个细节上。由于采用整体大包形式，空间中的每件家具和饰品，都是设计师精心挑选、巧妙搭配的结果，就像一首优美的协奏曲，一个个音符最终谱成一首优美的协奏曲。

简洁明快的客厅，让每位看到的人都能感觉到轻松惬意的空间氛围。视听背景墙的大面积黄色，与家具和布艺的色彩形成强烈对比。精心搭配的家具与各种装饰品，使空间更加丰富多彩，让人感觉惊喜不断。

样板间的餐厅与厨房相邻，在餐厅窗户周围的墙面上，设计师使用黄色和黑色的瓷砖做了撞色处理，一方面与客厅的色彩形成呼应，另一方面也很好地装饰了餐厅空间。餐厅中的复古花砖，渲染出一片浓厚的家庭氛围，与白色的厨柜可谓相得益彰。

设计师在主卧室中，采用了木饰面来做床头墙壁的装饰。木材温暖的质感，使这个北方的样板间显得格外温暖。床头的一幅装饰画上写着大大的“STAY”，让我们在这个舒适的卧室里多停留一会儿，多感受一下空间带给我们的舒适感。

在儿童间的塑造过程中，设计师采用了各种富于童趣的家具和装饰。无论是气球灯，还是带有星星的儿童壁纸，无一不是设计师精心挑选而来的。而黄色窗帘与粉红色的椅子、蓝紫色的桌子相互呼应，在对比中妆点了空间。

独特的六角形瓷砖与设计师创意使用的木饰面，共同打造了一个干净利落的卫生间空间。酷炫的黑白对比与温暖柔和的木色在一起，使这个面积不大的卫生间也有了一些变化，显得格外与众不同。

风格营造 Style Creation

设计师以纯白色为背景，挑选具有北欧特点的家具和摆件，运用鲜活、清新的颜色撞色装点空间，让缤纷的色彩装点出简洁时髦、赏心悦目的场景。在此基础上，选用趋于环保与自然的木饰面，整体清爽无赘余，进一步打造北欧家居独特的中性之美。

YESTERDAY
today
TOMORROW

today
TOMORROW

STAY

CIRCUS BEAR
on bicycle

KOHLER

天使

巧克力色打底／糖果粉色当面

火烈鸟做中间的优雅／如落入凡间的天使

看透清澈的水和水里的树

THE LIGHT OF THE CLEAR MOON

月光月下月分明

项目名称 | 红星生活广场

设计公司 | 一野设计

设 计 师 | 仇萍

项目地点 | 江苏苏州

项目面积 | 120 ㎡

主要材料 | 老木头、水泥砖、红砖等

摄 影 师 | 张骑麟

设/计/理/念

好光阴纵没太多，一分钟那又如何，会与你共同渡过，都不枉过。

通过设计改变生活，从而换一种生活方式，让自己变得简单起来，这就是现代人对于生活的追求。

设计师秉承一贯的设计思路：理顺动线，解决户型缺陷，再定位调性完美呈现空间。开放式布局让行走动线更为连贯，而明亮的光线为空间注入了一丝体贴的温度，家具丰富的肌理特色，营造出自然轻松的家居氛围。用最纯粹的方式，打开生活的一扇窗。

时尚的家具、照明与丰富的纹理和材料相结合，丰富多彩的艺术表现形成了阳光明媚的温馨家居环境。将经典家具、定制家具与现代设计进行组合搭配，打造出具有艺术气息的室内空间。家具色彩丰富且过渡和谐，每一件都好似收藏品般，被精心设计、摆放在其特定的角落。散发明亮光泽的棕色皮质沙发，给这个北欧空间带来古典的魅力。自然而不事雕琢，轻奢格调由此尽显。

家是幸福的港湾，周遭世界已经足够嘈杂喧嚣，很多时候我们都身处无法逃遁的状态。这种设计格调，是设计师想要营造的，井井有条却又放松、宁静、通透。无论你在外面如何舞枪弄剑，回到家都应该释放自己，享受这个令你轻松愉悦的灵魂空间。

创世幸福

我们一起造一个天地/要什么对/怕什么错/一起怡然
一起自得/给我你的/给你我的/不准不要/不准吝啬
闭上眼睛/闭上耳朵/一起捕捉

LET IT BE
CINDERELLA
LEMUR MONKEY
CHIMPANZEE
SQUIRREL MONKEY
KING KONG
ORANGUTAN
PEOPLE

LEMUR MONKEY
CHIMPANZEE
SQUIRREL MONKEY
KING KONG
ORANGUTAN
PEOPLE
CINDERELLA

风格营造 Style Creation

如目睹一场宁静的大雪，内心的欢跃得以畅快淋漓地释放。没有任何多余装饰的空间，却包容着众生万物，美得简单而具体。现代与生活、艺术与功能、舒适与动感之间一笔贯穿，平静的色泽感与空间彻底融为一体，达到了完美的和谐。

若有天我不复勇往，能否坚持走完这一场，踏遍万水千山总有一地故乡。城市慷慨照亮整夜光，我们分担寒潮、风雷、霹雳；我们分享雾霭、流岚、虹霓。仿佛永远分离，却又终生相依，如同少年不惧岁月长，她想要的不多，只是和别人的不一样。如愿以偿，融入你所向往，脱下着装，开心再笑一场，再无慌乱的驱逐，镣铐困苦，行遍世间所有的路，逆着时光行走，只为今生和你相遇，高贵的伴侣。晚间的灯光照射下来，勾勒出幸福的形状，像是梦想的水流，随物赋形。空间很小，梦想很大，享受生活，不忘初心。

UP IN THE WIND

静待时光，等风来

项目名称 | 仁恒棠悦湾

设计公司 | 晓安设计

软装设计师 | 三月

项目地点 | 江苏苏州

项目面积 | 140 ㎡

主要材料 | 胡桃木、岩石、皮革、绿植等

摄 影 师 | 晟苏建筑摄影

设/计/理/念

尊重业主的生活理念，用沉稳温暖的北欧风格为基调，注重功能、追求理性，采用明朗的颜色，淡雅清爽的自然材质，不事雕琢，回归自然。

客厅是全家生活的主要场所，要有多样化的功能，来应对动态的生活及心情。一幅现代抽象山水画作为客厅沙发背景，沉稳而端庄。黑胡桃木、黑色真皮沙发，搭配岩石黑的书柜，摆满富含仁智的国学经典。闲暇时取一本，倚靠在飘窗之上，放一曲清新空灵的音乐，泡一壶香茗，任凭窗外四时变换，儿女嬉笑打闹，只想沉迷其中，去搜寻那间断的宁静。就如窗台上的虎皮兰、仙人掌沐浴在通透的阳光之下，为生活增添难以言状的活力和气场。

风格营造 Style Creation

淡雅清爽的自然材质，不事雕琢，以人性化为主，归于自然，是北欧风格的处事原则。木色、浅蓝为主韵律，点缀沉稳的黑，营造一种低调宁静感。整体家具风格简约而不单调，闲适而不无聊。真实、自然、宁静温馨，甚合惬意，清新脱俗。

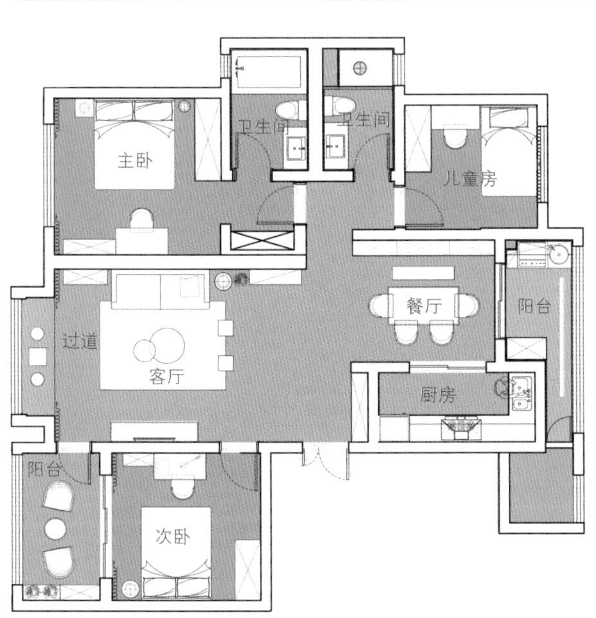

双拼色餐边柜，与黑胡桃木餐桌椅争相呼应，既有收纳功能，又方便业主的生活习惯。待到厨房一通忙碌之后，餐桌上摆放可口饭菜，知足感油然而生。

拉上朦胧纱帘，倾听喷泉潺潺水声，主卧书桌旁的龟背竹、编织的花盆套、延伸的枝条、开背的奇幻大叶，让人不禁怀念儿时的时光。临睡前打开素雅文艺的钓鱼灯，拿起《东坡词》躺在舒适的皮包木质床上，猜想着苏轼的人生哲学，回首向来萧瑟处，归去，也无风雨也无晴……

CLOUDS AND MIST · OUR HOUSE IN YOUR EYES

云雾 · 你眼里我们的家

设计公司 | H&Z SPACE逅筑空间

设 计 师 | 曾崧、莫菲

项目地点 | 四川乐山

项目面积 | 135 ㎡

主要材料 | 乳胶漆、木板等

摄 影 师 | 邓俊涛

Nygårds Karin Bengtsson
Untold Stories
YESTERDAY
TOMORROW
NORTHERN EUROPE

风格营造
Style Creation

开阔的客、餐厅，2m长的餐桌，大浴缸、强大的盥洗区域、独立的马桶间与淋浴间，设计师高度重视对公共区域舒适性的塑造。同时挑选绿、灰等单色，大面积铺陈，搭配质朴的木质材料，营造漂亮、精简、有质感的氛围，最终展现出一个富于节奏与格调的宜居空间。

设／计／理／念

这是一对新婚夫妇的婚房，女主人是充满古典气质的古筝老师，男主人是懂得生活情调的客栈老板，整个空间的定位是复古与现代的融合。

灰色现代沙发、北欧风格电视柜，以及金丝绒单人沙发、

怀旧餐椅、工业味十足的书桌，现代元素与复古元素相容，且现代灰与复古绿的碰撞使整个空间融合得恰到好处。电视墙采用灰色留白的形式，展现出强大的可塑性，一侧的挂毯引来一份文艺气息，让空间更有趣味性与变化性。

餐厅上方的九宫格吊顶因形利导，迎合墙体改造后裸露出来的房梁，美观且毫无违和感。鱼骨纹拼贴地板充满复古的韵味，复古情怀的墨绿色乳胶漆搭配85cm的白色墙裙，体现空间层次之时，更有一丝怀旧的小情怀。

开放式厨房增加餐厅与厨房的开放度与采光度，靠窗户的区域设置为洗菜盆，合理利用自然光，而L形的吧台是对于橱柜台面的一个补充。此外，色彩单一的厨房配色方案不至于抢走餐厅的风头，又会让人觉得在整个空间中的融入感很强。

晚风轻拂

斜插一枝棉花/散放三颗松果

设床一张/捕捉拂面的晚风/勾勒日子的张力

在主卧中，设计师精心挑选了一款供女主人绘画时用的落地灯，实用性与美感相得益彰。单一的硬装色彩搭配优雅的海洋蓝床品，可随心情调整。次卧为未来的儿童房，女主人希望其不带有性别倾向性的色彩，因而设计师做了大面积白色的留白，不置入复杂的装饰，方便业主后期能够随意将这间房改为小公主房间或者小王子房间。浪漫的白纱，绿色的床品，搭配黑色的铁艺床，在稳中呈现活力、气质，中性感强烈，却又充满诗情画意。

业主二人都很喜欢泡澡，设计师便创造性地将原始主卫和旁边的小卧室合并，放进一个直径1.5米的圆形浴缸，辟出大面积的盥洗区，打造一个度假酒店式的宽敞明亮的高品质卫生间，提升整个家的气度。

THE SUNSHINE IN LIFE

生活中的阳光

项目名称 | 武汉枫桦苇岸

设计公司 | 武汉壹零空间设计

设 计 师 | 张媛

项目地点 | 湖北武汉

项目面积 | 114 ㎡

主要材料 | 饰面板、乳胶漆、老木板等

摄 影 师 | 汪海波

设/计/理/念

住宅如人，因富有个性而彰显魅力。这套房子的设计不仅注重美观性与舒适度，更重要的是，设计师在居家空间中加入了居者的个人特色，使得住宅有鲜明的个人特征。

柔软的灰蓝色有海的味道，飘逸的纱帘是不是能看见风的形状？白云一般的客厅主色给家具充足的发挥空间。石纹茶几上放下你精心挑选的花束，木质茶几上摆着澄明的杯具。任凭你窝在沙发的哪一头，都能感受到亲切的空间气氛。绿植能给你带来自然的能量，是努力的、向上的。

风格营造

Style Creation

为打造出更多开放式格局，将餐厅过道直线改为斜的动线，让家的连接处更有趣味。材质上运用大量留白和木质板材，软装配饰的设计里增加些许金色元素，使室内充满轻盈空气感。

正如设计师所说，空间设计只完成了80%，剩下的20%需要业主在生活中渐渐来充实。经过居者的手，才能真正彰显空间独有的个性与魅力。

纯白色与木作的交错，浅色木地板的铺展有温柔的情调，是对居者情绪的关怀。居室里随处可见自然木色的收纳空间，就连餐厅的墙面展示柜也保持了一致的木材。设计师做了足够多的收纳空间，有装得下生活的收纳柜。

同色的木材一直延伸到卧室。床背板与木地板的衔接拉长整体的空间感。床头处摆上几幅简单的挂画，如果今天是开心的，就挂一幅灿烂的阳光；如果今天是忙碌的，那就挂一幅舒心的植物画。根据心情或是天气，换上对的画，让空间有变化的美好灵动。

生活的容量

有些生活装着忙碌／有些带有沉重
有些盛着轻快明媚／生活似乎无限量
但我的生活／只容得下属于我的你们

HOME IS ART

home
ABCD
XYZ
EVERY-
THING
IS
COOL

卧室里有一个浪漫的阳台，休闲的下午时光，在秋千椅上轻轻摇荡，窗外的车水马龙是眼底的风景。取消了主卫设计，腾出的空间变为一处小小的衣帽间，置一张梳妆台，这里有对女主人的宠爱。

儿童房是孩子童年的重要空间。空间里的童趣是必不可少的元素，空间布局还要能够支持他的成长，在这里，既有他的记忆还要有他的未来。

THE IDEAL LIFE OF HER AND HIM

她与他的理想生活

项目名称 | 亚东观樾

设计公司 | 南京云行空间建筑设计有限公司

设 计 师 | 邢芒芒

项目地点 | 江苏南京

项目面积 | 118 ㎡

主要材料 | 木饰面、水泥砖、地板等

摄 影 师 | ingallery

设／计／理／念

欢乐阳光的90后，对生活充满期待。

初次见到H小姐给人的感觉是有点害羞，像只温柔的小猫咪一样依偎在Q先生的身旁。对于理想中家的期待，Q先生喜欢理性的工业风，倾向于裸露的红砖、铁艺、钢架等硬朗的材质，黑灰是期望的色调，而H小姐则更加偏向感性生活化一些的北欧风格，喜欢多彩浪漫。基于两人的喜好特性，设计师选择在丰富北欧风的背景下，融入稍许的轻工业风元素，最终完美打造出她与他理想中的家。

慵懒、舒适、休闲是客厅的第一感觉。配色与材质的对比运用是设计师的巧思，其中水泥砖与电视地台的饰面板对比，灰色墙面与明黄色沙发的对比尤为突出，空间层次跌宕起伏，在视觉碰撞间突出空间亮点，时尚温馨，透着对精致生活的理解。餐厅相比较热烈的客厅，配色素净很多，整个空间安静舒适，静谧清雅。以纯白色作为基底，造型简单的黑色餐桌与亚光质感灰色餐椅组合，搭配清新简单的绿色小物件点缀生活，制造美感，适当给空间留白，享受生活带来的自在感。

以墨绿色来粉饰床头背景，幽静而神秘，仿佛置身于森林深处，与大自然亲密接触，让人产生安全感，营造休闲轻松的氛围。窗户下的木吉他，是一份生活的仪式感，在某个繁星当空的夜晚，轻弹低吟，畅想人生。

简

一排长凳／两张小椅
黑白灰绿／几色可亲
别致的小物件
有着对生活的洗礼
我愿与你／与你一生
粗茶淡饭／永不相离

风格营造 Style Creation

寻求艺术与设计的平衡，运用体现自我和舒适的元素，如炫酷的工艺范照明，大量亲和的木饰面，暖黄色主沙发、墨绿色背景墙等，营造有温度感的居家氛围。同时，在北欧风格营造中大叶子植物是不可或缺的点缀，一席方毯，便可温暖整个春夏秋冬。

FEELING FREE STROLLING IN THE FOREST

自在林间任逍遥

项目名称 | 天悦花园

设计公司 | 熹维室内设计

设 计 师 | 苏丹

项目地点 | 江苏南京

项目面积 | 150 ㎡

主要材料 | 免漆生态板、小方砖、实木多层板、白色乳胶漆、白色哑光烤漆等

摄 影 师 | ingallery

设／计／理／念

干净整洁的空间氛围，非常符合年轻医生的业主喜爱。于是设计师将整个空间以白色为基调，搭配原木色家具，天然的材质给空间环境增添了几分温情。同时穿插小白方砖墙面铺设，结合绿意盎然的植物，营造出清爽洁净的视觉感受。

客厅简洁明朗，以原木家具贯穿整个住宅空间，裸白色纯墙面，小方砖雅致铺设，整个室内给人清新舒畅的感觉。黑色皮沙发恰到好处地显露整个空间的气场，沉稳却不张扬，同时带来一丝小小的复古情怀。一侧边几的设计别具一格，中空隔断方便摆放书籍，再捧一杯香茶，阅书品茗，好好享受着这雅趣的温暖时光。餐厅与客厅紧邻，空间的设计以卡座与储物柜的完美结合，将整面墙充分利用起来。C字型的造型设计不仅增加了座椅空间，同时方便了空间动线，出入更加随性自在。

客厅沙发后方长条形靠背是定制的收纳储物柜，隐秘实用又美观自然。楼梯区域内，木质楼梯搭配清玻护栏，透明玻璃中和了木质的厚重感，同时使楼梯的狭窄空间从视觉效果上显得更加通透、开阔。楼梯下方的绿植遮挡帘里藏着设计师的妙用，定制设计的储物柜体大大增加了空间利用率。

风格营造 Style Creation

最有魅力的设计会由内而外散发着空间的温度，无需刻意雕琢，简约的白，淡雅的绿，温暖的原木色，再添一抹深沉的黑，恰到好处。既满足功能的全部需求，又制造让你期待的小天地，这便是北欧小资的魅力。你需要做的是静静等待，等待夕阳从天窗上洒落下来，让温柔包围你！

主卧空间开阔、整洁，原木板式床，ins风方格床品，趣味性衣帽架设计，搭配生机勃勃的绿植，简单舒适。同时将书房区域放在阳台，不仅充分利用了这一隅空间，也使光线更好地洒落，一方温暖的地毯，一个柔软的抱枕，一本打动你的书，都可以找到更有趣的自己。

暖

一方小天地／藏着温柔的幻想
纯色木质／方格床品／简约而不简单
统一的白／是设计的连续曲
那里有岁月的穿梭／未来阳光的呼唤

THE NORDIC ROMANCE OF THE EARTH COLOR

大地色的北欧浪漫

项目名称 | 保利高尔夫豪园

设计公司 | 重庆十二分装饰工程设计有限公司

硬装设计师 | 陈美奇、陈松

软装设计师 | 罗南施

项目面积 | 120 ㎡

摄 影 师 | 代忠海

设／计／理／念

这是一间被寄予美好愿望的婚房，业主是一对90后新婚小夫妻。夫妻二人对新家有着共同的愿景——北欧风。

私宅设计更是要以人为本，让设计融入业主的生活，在生活的洗礼后，仍然能有高保持度。在北欧调子下给他们做了定位分析，去除了形式化，以现代简约为主线，植入他们所爱的北欧风情。

温暖和煦是新居要的气氛，客厅的淡黄色是年轻活力的显现。女主人年纪虽小，但是非常贤惠能干。小宅里要有饱和的收纳空间，能储藏生活的琐碎，这是非常重要的。这里的灰色主调，是空间的底子，切换不同温度的灰调，加入自然肌理材质，我们既要融合的空间，也要空间层次，如此才能有不同节奏的生活乐音。

客厅不要白得明亮，浅浅的暖灰色是我们潺潺流水般生活的写照，布艺沙发自然是舒适的，但你偏爱坐在粗呢地毯上，追剧看书，喝茶写字。鲜活的植物、明媚的金属，加上充沛的光线，温暖平和的色彩，像一阵微风扑面，悄悄地走进我们的生活。无论什么时刻，躺在客厅的沙发椅子上，端一杯咖啡，看一部温馨的电影，我想这是每天的生活里最舒适的状态。

中性的灰色调搭配浅浅的温婉的黄色，不管是墙面也好，家具也好，营造一种恰到好处的平衡感，带来安宁与沉静。

STO
CKH
OLM

风格营造 Style Creation

牛奶与面包，味蕾的交织，治愈系的精神良药。

卧室里波西米亚式的手工编织挂毯作为装饰搭配，给整个空间带来自由与浪漫的向往。

质朴的木色，自然舒适；中性的灰、白沉稳静谧，蓝又是恰到好处的。

在家中有个独立的学习空间，提升自我，也成为生活中最重要的一部分。

女主人是一个很细致的人，喜欢做手工。家里一些质朴但又温暖的饰品，在原本成控的范围内，选择了手工自制，和设计师一起来打造自己的家。

入户的屏风，用麻绳缠绕的毛线球，高质量的生活最重要的是居者的表现。把时间留给最美好的事，精心打扮自己的家，满足家人的共同审美，是一件极有成就感的事。

生活的热情

生活原本是安静的／因为用心而精致

因为人情而温暖／生命显现的颜色

是你热爱生活的体现

生活阳台
阳台
客厅
主卧
书房
主卫
卫生间
厨房
餐厅
儿童房
次卧
门厅

WITNESS THE DANCE OF TIME

见证这时光的舞姿

项目名称 | 恒基翔龙江畔

项目地点 | 重庆

设计公司 | 重庆十二分装饰工程设计有限公司

项目面积 | 138 ㎡

设 计 师 | 秦珊珊

主要材料 | 复古砖、木地板、乳胶漆等

设／计／理／念

本套是标准的三室两厅户型，业主是一对豪爽、智慧的80后夫妻，希望有一个不一样的入户花园、宽敞明亮的餐厅和厨房，此外，空间一定要清爽、大气，并与设计师达成共识。

重点打造的入户花园，不会让人感觉是从室外进入，集休闲、实用、美观于一体。独特的壁炉设计，让人更愿意待在这里看看书，欣赏美丽的江景。开放式的厨房让空间显得更加通透、明亮，也解决了原有生活阳台狭小的问题。

客、餐厅空间上的开放，给人灵动、舒适的感觉，一面墙的书架采用素色家具和中性色软装来压制视觉的膨胀感。落地钟小巧精致，黑色正好与空间中的白调形成经典的黑白搭配。鹿头挂件、白色圣母雕塑、模型木偶、字母装饰画以及铁艺鹿等装饰给居家添加艺术的灵性气息与品位。

书房浅色调和木色搭配，利用视觉上的清凉，创造出舒适的居住环境。与餐椅一样的椅子，羊毛毯、沙发床、抽屉柜，简朴的家具却有十足的惬意之感。就连卫生间也不忘设计感，化妆镜、亚克力芭蕾舞者摆件、陶瓷摆件，在细节处表现出空间的多元化。

Soletti

风格营造

Style Creation

运用雅致白搭原木色，作为空间主色调，少许的黑形成北欧典型的黑、白搭配，让夏季炎热且过长的重庆在这个家里保持冷静，也有效提高整个空间的亮度与宽敞感。最大程度地挖掘与开发空间的储物、展示等实用性，令整个空间尤其是公共区域明朗、干净、不杂乱。

PLANTING FLOWERS · ENJOYING THE LIFE

养花·拾光

设计公司 | 重庆得舍装饰设计有限公司

全案设计师 | 苏东东

软装设计师 | 徐雪萍

项目地点 | 重庆

项目面积 | 95 ㎡

主要材料 | 乳胶漆、瓷砖、木地板、玻璃、亚麻布艺、成品柜子、钢架楼梯等

摄 影 师 | 于文超

设／计／理／念

在平面布局上，设计师对一楼做了较大的改动，将厨房与卫生间互换位置，使厨房更加宽敞、透亮，满足女业主对于厨房的需求。抬高后的卫生既满足排水，又造成了错层的视觉感受，同时和楼梯的转折巧妙连接，使整个空间更加饱满立体、错落有致。

玄关利用中式借景的手法，开了一个条窗，增强玄关的采光和通风，同时令空间有延伸感兼具趣味性。洗漱台斜墙上的镜子通过光线反射原理，增加了卫生间的采光。

客厅设计了一大面柜子用于收纳。柜体的灵感来源于俄罗斯方块，依据业主的收纳习惯设计内部尺寸，最大限度地减少空间的浪费，从外部看来兼具构成感和乐趣。

餐厅靠墙设置了卡座，减少空间浪费，增加空间的通透性。客厅与餐厅的墙面做了开窗，有利于光线的流通和声音的传递，同时又具有延伸空间的功能。

那年青春

色是虎尾兰的光彩／形是画作的审美
阶梯像是会骑单车的少年／对一切好奇
有纯真的青春／有炽热的情怀

风格营造 Style Creation

空间色调以白色为主，注重采光与通风，大面开窗，引入自然光，贴近北欧的自然环境。同时运用龟背竹、量天尺、虎尾兰等绿植，一方面提亮空间，丰富空间色彩，另一方面让空间更清新自然。照明以吊灯为主，线条流畅，造型简练精巧，给人北欧风随心、利落的视觉感。

二楼的卧室从实用出发，轻装修、重装饰，墙面、地面尽量保持干净整洁，床上用品和窗帘布艺着重考虑材质的对比和色彩的协调，舍弃不必要的装饰，希望人在这个空间中可以真正静下心来，给身体和心灵一个良好的缓冲。

软装上，设计师整体考虑自然与时尚的结合。根据业主喜欢的颜色进行整体配色，多用对比色和互补色丰富空间层次感。布艺多用亚麻材质，给人温暖舒适的视觉感受。局部的绿植、瓷器、花瓶和小摆件丰富整体空间，生活气息浓烈。

FCB
FCB

THE DEGREE OF NATURE

大自然的程度

项目名称 | 一六一六

设计公司 | 合肥飞墨设计

设 计 师 | 陈银萍

项目地点 | 安徽合肥

项目面积 | 90 ㎡

主要材料 | 彩色乳胶漆、水泥砖、黑板漆等

摄 影 师 | ingallery

设 / 计 / 理 / 念

当生活达到一定境界，删繁就简便是最自在的生活方式。空间装饰体现的是一种生活态度，是居者生活的缩影。房间成片的浅绿色里有生命力的萌动，灰色地板仿佛是滋养万物的土地，所有对家的爱让这个年轻的空间彰显饱满的活力。

阳台的一侧是植物墙，在这里，你能听见都市里我们呼唤自然的声音。这个小角落如同一个小花园，天晴的时候阳光闯进来，而此时此刻，只要抬头就可以看见那白云缠绕的蓝天。

书房的布置简单舒心，书架上总有你爱的书。书房开放式的设计与客厅、餐厅相连接。偶尔我在书房忙碌，你会端来一杯茶。地面没有进行色彩区域划分，各个功能区互相借空间，使得整体居室看上去十分开阔，动线流畅。

厨房里，冰箱放到了墙面中间位置，让书房两侧墙体得以改造成储物柜，增加了收纳空间。背靠着冰箱的墙面，设计师用灰色的黑板漆刷了一遍后，变成了女主人最爱的地方，身为美术老师的她可以在这里绘画出生活的模样。

根据户型的特征，各个功能区互相借用空间，以保证空间的开阔视野。功能区不一定要用明显的材质或色彩做区分，有时一致的配置能给居室和谐的统一性，收获流畅的空间节奏感。

休闲的北欧风格中细节是亮点。植物不需要很多，小景致能给人制造审美惊喜。沙发选择布艺的最好，闲适感油然而生，此时在客厅铺一张黑白几何图形的地毯，异国情调由此滋长漫延。

卧室是我们的“秘密基地”。用平静的湖水绿给予卧室一面复古的背景墙，红木床头放置在前面显得分外和谐美观，胜似玫瑰开放在幽幽草坪上。简洁的床品有我们喜欢的纹路，再看那洁白的羽毛灯，如梦一般柔软地装点着整个卧室的静谧气氛，有灵动的气质。

有你的未来

人们说/人赤条条地来到这个世界
总要找到曾经遗失的另一半/兜兜转转
我变成了我们/家是两个人的共同承诺
有你在/我便经得起年月的轮转

ONLY ADORING THE ORANGE

倾橙，繁华万千独是你

项目名称 | 苏苑大厦

设计公司 | 熹维室内设计

设 计 师 | 熹维室内设计

项目地点 | 江苏南京

项目面积 | 120 ㎡

主要材料 | 免漆生态板、亚光水泥砖、实木多层双饰面板、彩色乳胶漆等

摄 影 师 | ingallery

设／计／理／念

地处最繁华的新街口，每至夜晚，便是车水马龙与霓虹灯闪的别样风景。因为是商住两用房，屋内是一个大开间，除了厨房和卫生间没有隔墙，业主夫妻二人和设计师都很喜欢这通透的感觉，左右思考，设计师的设计理念便初步定位在：新建隔墙以满足业主功能需求的同时，尽可能地保有这屋子的开阔和通透……

半面隔墙的创意，让本案的餐客厅区域更加通透，契合设计师的初衷。在功能分区上，客餐厅不再是简单的休闲饮食区域，而是集合了工作区、展示区、收纳区和鞋帽区为一体的综合功能区域。休闲区以浅灰色墙面搭配棕色沙发为主，为了减少冷淡感，牛皮色的真皮沙发与明黄色的单人椅加入，提亮了空间的整体调性。人在其中，心情也活泼几分。

客厅一侧2m长的长桌，足够业主夫妻一同办公学习，摆上富有年代感的小小古董电视机、盆景与书籍，让严谨的办公也变得有情趣。而与之相连的深色柜体是给业主专属的暖心定制，集置物、展示与收纳为一体。精致的器具，为每个下午茶时光提供爱的供养。

“橙”意十足的餐厅设计，是空间的亮点。橙色是华丽温馨的代名词，在辉煌醒目间记录生活的温暖。而灰色的低调，很好地弥补了橙色的跳跃。不得不提门口黑色六角砖与客餐厅区域灰色水泥砖的过渡，充满艺术与理性的平衡。

用色彩描绘生活，彰显空间品质。简约的灰调是北欧的基础色，拥有淡淡的质朴与微微的轻奢感，将自由与都市构建于同一空间。橙色、黄色的成功点缀，诠释了我们向往的自然清新，是可以通过色彩、绿植来营造满足的。同时巧妙利用高低错落的隔断划分区域，动线有趣且行走自如。

茶几局部的拍摄，诸如盆景或杯子等小物件也是一个家不可或缺的部分。浓浓的生活气息，给居住者带来强烈的幸福感，一景一物都是彼此年华里最珍贵的见证。

主卧室床头选用浅蓝色乳胶漆，让整个卧室空间安静温和，与女主人恬静、乖巧又很有灵气的性格不谋而合。靠近窗户的地方，装上一排书桌书柜，以双饰面板做桌面材料，简简单单，美观整洁，实用大气。

CENTURY
Marshall

微小的幸福

我们彼此陪伴／我们相互鼓励
我们一起学习／我们一起工作
我们一起品尝所有已知未知的生活
这就是我们微小的幸福

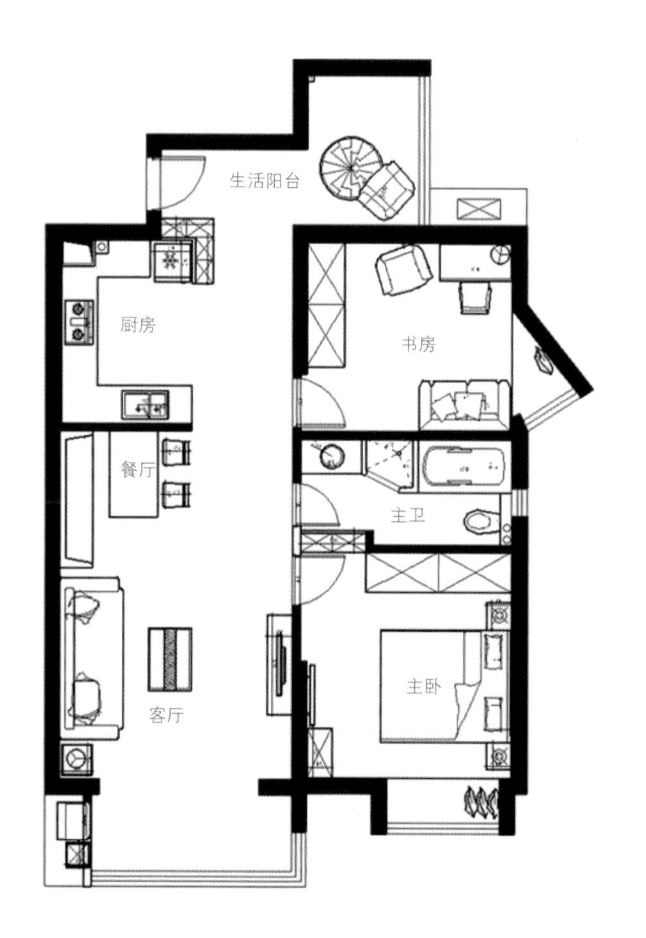
生活阳台
厨房
书房
餐厅
主卫
主卧
客厅

TURKS IN EUROPE
Culture, Identity, Integration

CENTURY
BOB MARLEY

YOU ARE THE TRUTH THAT I MOST YEARN FOR

你是我最向往的真实

项目名称 | 顺义中央别墅区（独栋别墅）

设计公司 | 共合设　丁奇工作室

主案设计 | 丁奇

设计团队 | 王金玲、段雅静、邓茂林、孙顺

项目地点 | 北京

项目面积 | 1200 ㎡

主要材料 | 乳胶漆、石材、木地板、铁艺等

设／计／理／念

这是一个让人能够回归自己内心深处的地方，设计师用最简单的线条、材质和色彩，勾勒出宁静、舒适、自由朴实的空间，在自然中构建一个可以修身养性、驰骋性灵的家。这套房子的设计，力求在艺术、工程、美学和个性之间相互平衡，并增添趣味性的概念，推崇优雅而简约的生活方式。

一层公共区域的设计采用“零空间”设计理念。餐厅与客厅相连的墙面使用相同的材质，地面为灰色水泥地砖相衬。从西厨区、客厅到中餐厅，虽是不同场景的切换，却让人感到一样的和谐和沉静。当夜晚降临，万家灯火，一家人在各个空间可以达到无障碍的沟通，家的温暖便呼之欲出。

二楼是起居区，家人们能够交流、阅读、视听等，壁炉和燃烧的火苗给家中带来无限生机和温暖，搭配简洁高雅的灰蓝色布艺家具，空间更平和、舒缓。在这样的空间里，业主能卸下现代社会快节奏生活的疲倦，自如地享受与家人在一起的时光。

阁楼位于别墅的最顶端，阳光在不同时间进入空间时，会给人们带来不同的感受，所以在结构上，设计师谨慎考虑窗的大小和角度，使阳光充盈整个空间。

SAVING MIDNIGHT

风格营造 Style Creation

本案是一套独栋别墅，在风格营造上独具匠心，层次分明。一层的公共领域意在营造一个没有交流障碍的温暖空间，通过优雅简化的流畅设计来诠释家的温度。二楼以休息区为主，能让业主抖去疲惫，温暖入眠。阁楼的窗设计很用心，楼梯间的五扇窗，完美融合建筑的结构美感。地下室空间功能感强，可健身、观影等，是一家人放松自我的最佳区间。空间所有的布局和设计，都只为给业主最舒适健康和温馨快乐的居家环境。

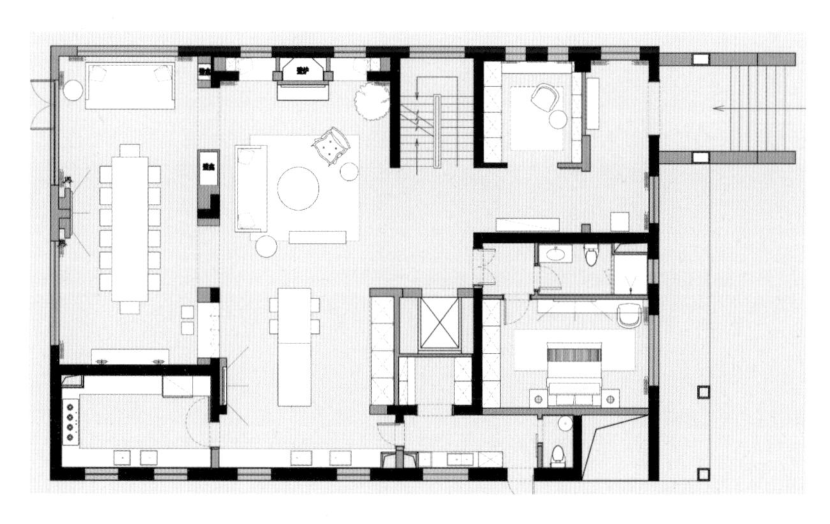

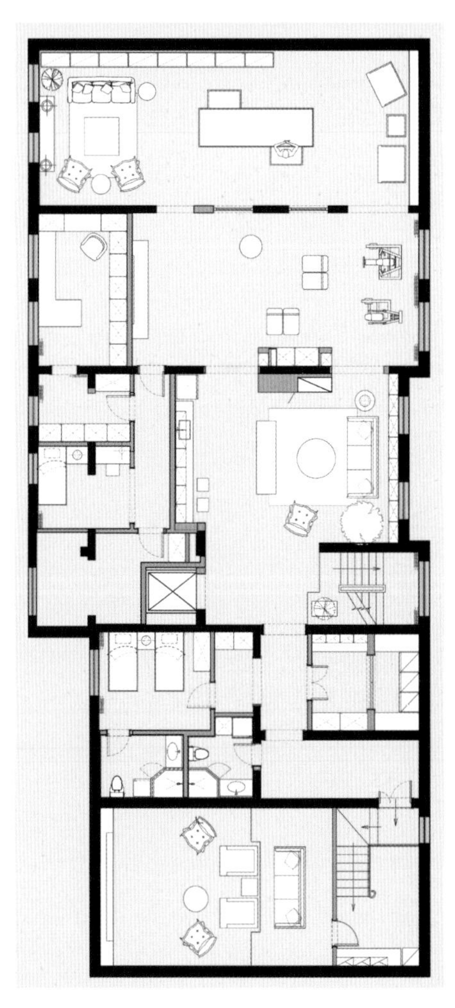

地下室从功能上分为健身、影院、工作、收纳。材料上依然选择最为简单的红砖、水泥砖、白色乳胶漆。清水红砖的墙面更多地体现了主人的一种情怀和追忆。而大胆选择开天窗，使得地下的气息及氛围与其他空间完全不同。光与绿植的融入，让居者感知到大自然的包容和温存。在这样一个自然流入的休息区，还有什么不能放下的呢？

Webster's

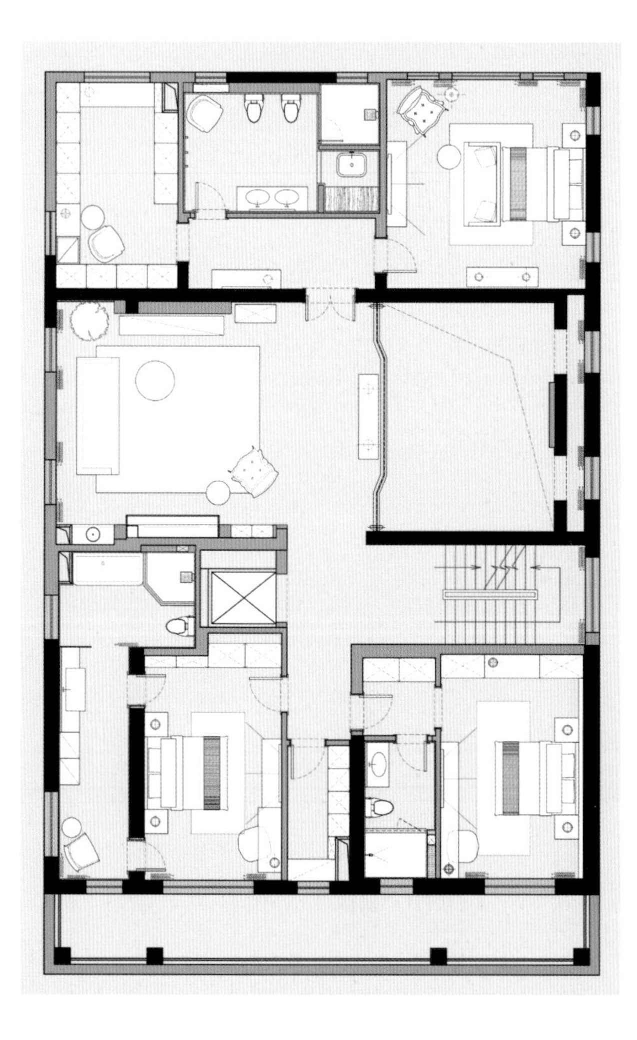

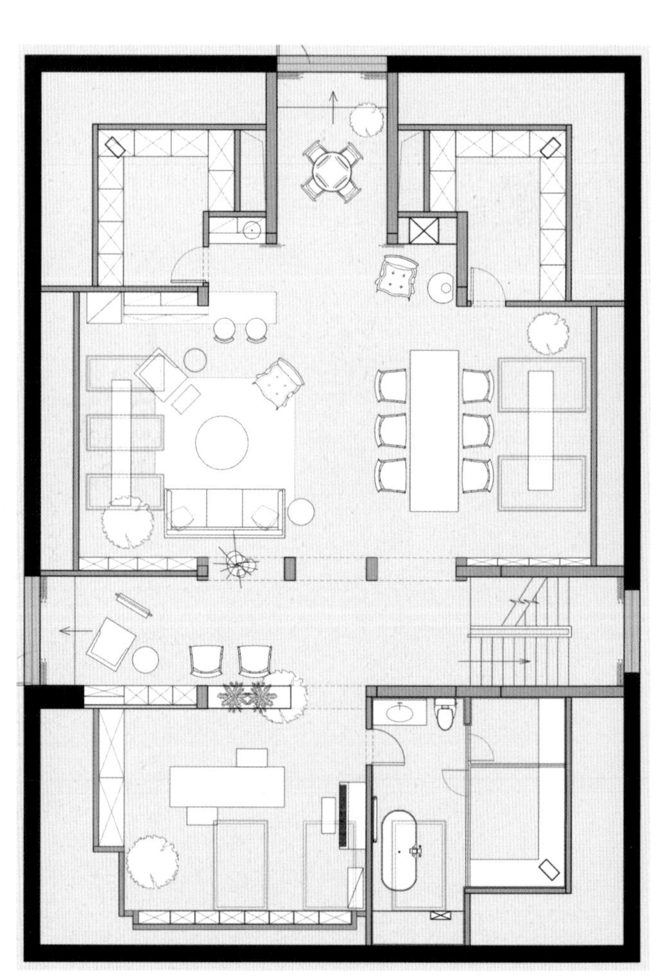

慵懒阳光
阁楼的窗／舒适的房／午后时光
是一地的暖阳／你若／放眼远望
便能瞧见山水环绕
圈圈点点／构筑出天堂的模样

图书在版编目（C I P）数据

家居时光 : 醉IN北欧风 / 深圳视界文化传播有限公司编. -- 北京 : 中国林业出版社, 2018.4
ISBN 978-7-5038-9514-2

Ⅰ. ①家… Ⅱ. ①深… Ⅲ. ①住宅一室内装饰设计 Ⅳ. ① TU241

中国版本图书馆CIP数据核字(2018)第067858号

编委会成员名单
策划制作：深圳视界文化传播有限公司（www.dvip-sz.com）
总 策 划：万 晶
编　　辑：杨珍琼
校　　对：陈劳平 尹丽斯
翻　　译：侯佳珍
装帧设计：叶一斌
联系电话：0755-82834960

中国林业出版社 · 建筑分社
策　　划：纪 亮
责任编辑：纪 亮 王思源

出版：中国林业出版社
（100009 北京西城区德内大街刘海胡同 7 号）
http://lycb.forestry.gov.cn/
电话：（010）8314 3518
发行：中国林业出版社
印刷：深圳市雅仕达印务有限公司
版次：2018年4月第1版
印次：2018年4月第1次
开本：215mm×275mm，1/16
印张：18
字数：300千字
定价：280.00元(USD 48.00)